高职高专"十二五"规划教材
国家骨干高职院校建设"冶金技术"项目成果

材料成型检测技术

主编 云璐 邢珂

北 京
冶金工业出版社
2013

内 容 提 要

本书主要介绍材料成型检测知识，包括非电量电测基础、各类传感器的原理及应用、热工测量技术、热分析法、无损检测等。

本书可作为高职高专院校材料及相关专业的教学用书，也可供有关企业技术人员参考。

图书在版编目（CIP）数据

材料成型检测技术／云璐，邢珂主编 . —北京：冶金工业
出版社，2013.12
高职高专"十二五"规划教材·国家骨干高职院校建设
"冶金技术"项目成果
ISBN 978-7-5024-6540-7

Ⅰ.①材…　Ⅱ.①云…　②邢…　Ⅲ.①工程材料—成型—
检测—高等职业教育—教材　Ⅳ.①TB302

中国版本图书馆 CIP 数据核字（2014）第 030491 号

出 版 人　谭学余
地　　址　北京北河沿大街嵩祝院北巷 39 号，邮编 100009
电　　话　（010）64027926　电子信箱　yjcbs@ cnmip. com. cn
责任编辑　陈愿萍　美术编辑　杨 帆　版式设计　葛新霞
责任校对　郑 娟　责任印制　李玉山
ISBN 978-7-5024-6540-7
冶金工业出版社出版发行；各地新华书店经销；北京京华虎彩印刷有限公司印刷
2013 年 12 月第 1 版，2013 年 12 月第 1 次印刷
787mm×1092mm　1/16；7.5 印张；183 千字；104 页
18. 00 元

冶金工业出版社投稿电话：（010）64027932　投稿信箱：tougao@cnmip. com. cn
冶金工业出版社发行部　电话：（010）64044283　传真：（010）64027893
冶金书店　地址：北京东四西大街 46 号（100010）　电话：（010）65289081（兼传真）
（本书如有印装质量问题，本社发行部负责退换）

内蒙古机电职业技术学院
国家骨干高职院校建设"冶金技术"项目成果
教材编辑委员会

序

2010年11月30日我院被国家教育部、财政部确定为"国家示范性高等职业院校"骨干高职院校立项建设单位。在骨干院校建设工作中，学院以校企合作体制机制创新为突破口，建立与市场需求联动的专业优化调整机制，形成了适应自治区能源、冶金产业结构升级需要的专业结构体系，构建了以职业素质和职业能力培养为核心的课程体系，校企合作完成专业核心课程的开发和建设任务。

学院冶金技术专业是骨干院校建设项目之一，是中央财政支持的重点建设专业。学院与内蒙古大唐国际再生资源开发有限公司共建"高铝资源学院"，合作培养利用高铝粉煤灰的"铝冶金及加工"方向的高素质高级技能型专门人才；同时逐步形成了"校企共育，分向培养"的人才培养模式，带动了钢铁冶金、稀土冶金、材料成型等专业及其方向的建设。

冶金工业出版社集中出版的这套教材，是国家骨干高职院校建设"冶金技术"项目的成果之一。书目包括校企共同开发的"铝冶金及加工"方向的核心课程和改革课程，以及各专业方向的部分核心课程的工学结合教材。在教材编写过程中，面向职业岗位群任职要求，参照国家职业标准，引入相关企业生产案例，校企人员共同合作完成了课程开发和教材编写任务。我们希望这套教材的出版发行，对探索我国冶金职业教育改革的成功之路，对冶金行业高技能人才的培养，能够起到积极的推动作用。

这套教材的出版得到了国家骨干高职院校建设项目经费的资助，在此我们对教育部、财政部和内蒙古自治区教育厅、财政厅给予的资助和支持，对校企双方参与课程开发和教材编写的所有人员表示衷心的感谢！

内蒙古机电职业技术学院　院长　张玉清

2013年10月

前　言

　　材料成型检测技术在生产中起着至关重要的作用。检测工作已经成为材料成型生产的重要环节。材料成型检测技术是研究与材料成型技术有关的各种参量的检测原理与方法，包括为保证产品质量而进行的检测。材料成型检测技术的日益完善，推动着材料成型技术的进步。

　　在材料成型与控制工程专业，"材料成型检测技术"是一门重要的技术基础课。本书作为国家骨干高职院校建设"冶金技术"项目成果之一，从系统性的角度，在符合高职学生学习特点及要求的基础上，全面而又有重点地对非电量电测基础、传感器原理及应用、常用测量电路的基本测量原理、热工测量技术、热分析技术、常用无损检测方法等知识进行了介绍，目的是使学生：

　　(1) 建立材料成型检测的基本概念；

　　(2) 了解各种物理量或参量的测量原理和方法；

　　(3) 掌握各种常用传感器、测量电路及测试方法；

　　(4) 熟练使用各种仪表，并对被测量数据进行记录和处理，为以后进行科学实验和生产过程检测与控制打下基础。

　　本书由内蒙古机电职业技术学院云璐、邢珂任主编，丰洪微、张顺、丁亚茹参编。其中云璐编写单元1和单元2；邢珂编写单元3和单元4；丰洪微编写单元5；张顺、丁亚茹编写单元6。

　　由于编者学识水平有限，不妥之处欢迎读者批评指正。

编　者

2013 年 10 月

目　录

单元 1 非电量电测基础

项目 1.1 电测系统的组成

利用各种传感器，将温度、速度、几何尺寸、位移等非电量转换成相应的电量信号，再借助相关的测量电路对这些信号进行滤波、放大等处理，最后将处理结果显示出来，这就是电测法。

任务 1.1.1 电测法的基本原理

电测法是将需要测量的非电量转换成电量后，再进行测量的一种方法。电测法的基本原理是：将电阻应变片（简称应变片）粘贴在被测构件的表面，当构件发生变形时，应变片随着构件一起变形，应变片的电阻值随之发生相应的变化，通过电阻应变测量仪器（简称电阻应变仪），测量出应变片中电阻值的变化，并换算成应变值，或输出与应变成正比的模拟电信号（电压或电流），用记录仪记录下来，也可用计算机按预定的要求进行数据处理，得到所需要的应变或应力值。其工作过程如下所示：

应变—电阻变化—电压（或电流）变化—放大—记录—数据处理

电测法具有以下优点：

（1）精度高，灵敏度高，可在很大范围内方便地进行调整，测试范围很广；

（2）应变片重量轻、体积小，且可在高（低）温、高压等特殊环境下使用；

（3）电惯性小，反应快，能够测量快速变化的量，频域范围很广；

（4）测量过程中的输出量为电信号，便于实现自动化和数字化，便于远距离传输和控制，可遥控并能进行远距离测量及无线遥测；

（5）便于仪器的通用化和专业化生产；

（6）能方便地用于控制系统中，使生产过程自动化；

（7）动力源普遍，有一定抗干扰能力，适合现场使用。

非电量电测法测试系统主要由被测对象、传感器、中间电路、显示记录仪器和控制系统等组成，如图 1-1 所示。

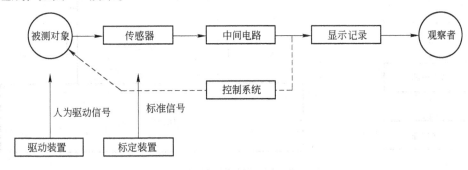

图 1-1 非电量电测法测试系统的组成

任务 1.1.2   电测法基本环节及各部分作用

电测法的基本环节主要有机械转换器、转换器、测量电路、放大器、记录仪等，如图 1-2 所示。

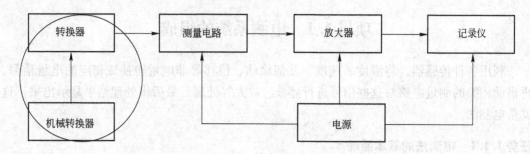

图 1-2   电测法基本环节

（1）机械变换器：把待测量转换成转换器可以接受的非电量。

（2）转换器：将敏感元件感受到的非电量直接转换成电信号的器件，这些电信号包括电压、电量、电阻、电感、电容、频率等。

转换器和机械变换器合称传感器。

（3）测量电路：把电路参数转换成电量参数。

（4）放大器：对不足以推动记录仪的输出信号进行放大。

测量电路和放大器称测量仪器。

（5）记录仪：记录数据，供分析和处理用。

电测法测试系统和实例如图 1-3 所示。

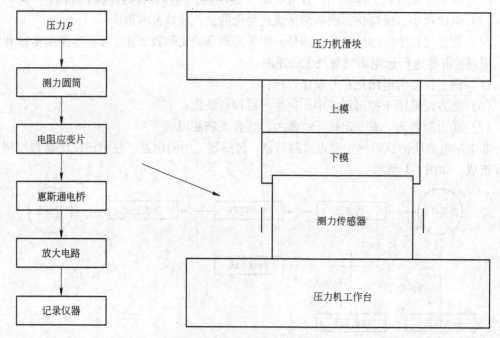

图 1-3   测试系统和实例

任务 1.1.3 电测法的实质

电测法的实质是通过测试系统各环节一系列的信号转换和传递，最后将代表被测参量变化规律的电信号加以记录。

它能否真实反映被测参量的变化规律，取决于对测量信号的进行分析及测量的各个环节。

项目 1.2 信 号

被测参量（信号）是信息的载体，是工程测试的对象，它包含着反映被测物理系统的状态或特性的某些信息。

工程测试中需考虑以下问题：

（1）不失真地将被测信号反映出来。

（2）测量系统要具有高的性价比。

任务 1.2.1 理想的系统

测试系统、输入/输出之间的关系如图 1-4 所示。图中激励表示测量系统的输入量；响应表示测量系统的输出量。

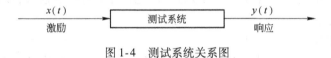

图 1-4 测试系统关系图

失真是指测量系统的响应与激励的不一致性。

理想的系统是指测量系统的响应能真实地再现输入的变化，或者是测量系统的响应是激励的相似量。

测量系统不失真测量与下列因素有关：

（1）与测量系统的特性有关。

（2）与被测参量（信号）的频率有关。

任务 1.2.2 信号的分类

按照不同的标准，信号可以分为不同的类型。

（1）根据信号的物理性质，分为非电信号和电信号。

1）非电信号：随时间变化的力、位移、速度等信号。

2）电信号：随时间变化的电流、电压、磁通等信号。

非电信号和电信号可以借助一定的装置互相转换。在实际中，对被测的非电信号通常都是通过传感器转换成电信号，再对此电信号进行测量的。

（2）按信号在时域上变化的特性，分为静态信号和动态信号。

1）静态信号：在测量期间内其值可认为是恒定的信号。

2）动态信号：指瞬时值随时间变化的信号。

一般信号都是随时间变化的时间函数，即为动态信号。

动态信号又可根据信号值随时间变化的规律细分为确定性信号和非确定信号（见图 1-5）。确定性信号又分为周期信号和非周期信号。非确定性信号（随机信号）又分为平稳随机信号和非平稳随机信号。

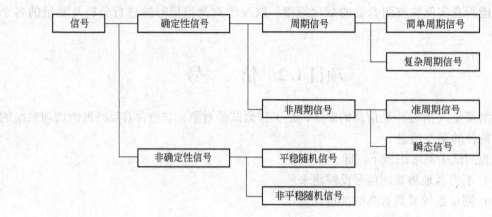

图 1-5　被测信号分类关系图

任务 1.2.3　信号分析

信号分析是运用数学工具对信号加以分析研究，提取有用的信号，从中得到一些对工程有益的结论和方法。

信号分析的主要作用有两点。

（1）测前准备：为正确选用和设计测试系统提供依据，如对信号的有效带宽进行分析，确定相应的放大器工作带宽等。

（2）测后分析：分析被测信号的类别、构成及特征参数，使工程测试人员了解被测对象的特征变量，以便深入了解被测对象内在的物理本质，如对信号进行频谱分析以确定信号的频率组成等。

任务 1.2.4　信号的描述

信号的描述有时域描述和频域描述两种。

（1）信号的时域描述。人们直接观测或记录的信号一般是随时间变化的物理量，因此可以进行时域描述。时域描述是一种以时间作为独立变量的描述方法。它的特点是：

1）只能反映信号的幅值随时间变化的规律。

2）从时域图形中可以知道信号的周期、峰值和平均值等。

3）时域图形比较直观、形象地反映信号变化的快慢和波动情况，便于观察和记录。

（2）信号的频域描述。为研究信号频率结构和各频率成分的幅值的大小，应对信号进行频谱分析。频域描述是以频率作为独立变量来描述信号与频率的关系的方法。它的特点是：研究信号的频率结构，即组成信号的各频率分量的幅值及相位的信息。

时域描述与频域描述之间的关系是：从不同的侧面观察，二者之间有着密切的关系且互为补充。我们之所以要对信号做不同域中的分析和描述，是因为解决不同的问题需要掌握信号不同方面的特征。

任务 1.2.5　信号的频谱

1.2.5.1　周期信号

周期信号是按一定的时间间隔重复出现、无始无终的信号。周期信号函数表达形式为：

$$x(t) = x(t + nT_0)(n = 1,2,3,\cdots)$$

式中　T_0——周期；

　　　n——正整数。

例如图 1-6 所示的单自由度振动系统，当它作无阻尼自由振动时，其位移 $x(t)$ 瞬时位置为：

$$x(t) = x_0\sin\sqrt{\frac{k}{m}}t + \varphi_0$$

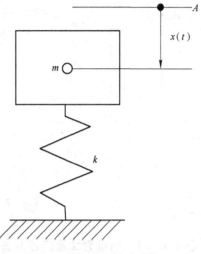

图 1-6　单自由度振动系统

A—质点 m 的静态平衡位置

式中　x，φ_0——取决于初始条件的常数；

　　　m——质量；

　　　k——弹簧刚度；

　　　t——时刻。

周期 T_0 为：

$$T_0 = 2\pi/\sqrt{k/m}$$

1.2.5.2　非周期信号

单自由度振动系统作有阻尼自由振动时，位移 $x(t)$ 瞬时位置如下：

$$x(t) = x_0 e^{-at}\sin(\omega_0 t + \varphi_0)$$

图 1-7 所示为一种瞬变非周期信号，随时间无限增加而衰减至零。

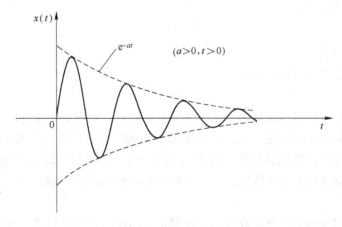

图 1-7　衰减振动信号

几种典型的非周期信号如图 1-8 所示。

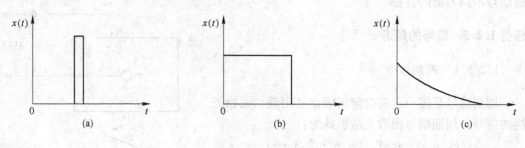

图 1-8　非周期信号

项目 1.3　被测参量的特征

任务 1.3.1　特征介绍及描述方法

被测参量的特征主要有物理特征、量值特征和时变特征几类。

（1）物理特征：主要包括被测量的密度、质量、速度、形变等反映物理特点的特征。被测量的物理特征决定使用仪器的类型。

（2）量值特征：指被测量的量值大小和范围。被测量的量程大小决定使用仪器的量程。

（3）时变特征：指被测量随时间变化的情况，即物理量的动态变化特征。被测量随时间变化的情况决定使用仪器的频率。

根据被测量随时间变化的特点，被测量可分为：

1）静态过程：也称稳态过程，泛指物理量不随时间发生变化的过程，即

$$F(t) = 常量$$

2）动态过程：也称非稳态变化过程，指物理量随时间变化的过程，即

$$F(t) = 变量$$

根据 $F(t)$ 是否周期变化，动态过程又可分为周期性动态过程与非周期性动态过程。周期性动态过程的特点是：

$$F(t) = F(T + t)$$

式中　T——工作周期。

非周期性动态过程的特点是：

$$F(t) \neq F(T + t)$$

非周性动态过程是检测过程中遇到的更为普遍的一类物理量变化过程。

被测物理量随时间的变化过程，可直接用时间域的方法描述。时间域描述方法虽然直观，但在实际工程中，被测量的时变过程比较复杂，其频谱难以从时间域信号中直接获得。为此，常将复杂的时变函数展开成一系列正弦函数（谐波分量）的和或积分，即用频率域的方法描述。

用数学方法将复杂的时变函数变成一系列正弦函数的和或积分的方法，称为频谱分析或谐波分析，这是工程中分析信号常采用的方法。

任务 1.3.2 周期过程的频谱分析

周期性变化的物理量在时间域内的函数形式可以表达为一系列频率离散的正弦函数（谐波分量）的和，其频谱分析所采用的方法为傅里叶（Fourier）级数。由高等数学的知识可知，如果某一周期性函数满足狄利克里（Direchlet）条件：

（1）除有限个第一类间断点外，函数处处连续。

（2）分段单调，即单调区间的个数有限。

则该周期性函数可由一个处处收敛的傅里叶级数表达，即满足狄氏条件的周期性函数都可以展成傅里叶级数：

$$F(t) = F_0 + \sum_{n=1}^{\infty} (A_n \cos nwt + B_n \sin nwt)$$

式中 $F(t)$——满足狄氏条件的周期性函数；

w——$F(t)$ 的圆频率，$w = 2\pi/T$；

F_0，A_n，B_n——分别为常数，计算式分别如下：

$$F_0 = \frac{1}{2T} \int_{-T}^{T} F(t) \, dt$$

$$A_n = \frac{1}{T} \int_{-T}^{T} F(t) \cos nwt \, dt \qquad (n = 1, 2, 3, \cdots)$$

$$B_n = \frac{1}{T} \int_{-T}^{T} F(t) \sin nwt \, dt \qquad (n = 1, 2, 3, \cdots)$$

$$F(t) = F_0 + \sum_{n=1}^{\infty} F_n \sin(nwt + \varphi_n)$$

$$F_n = \sqrt{A_n^2 + B_n^2}$$

$$\varphi_n = \arctan \frac{A_n}{B_n}$$

周期性频谱分析的物理意义是：任何周期性过程（非正弦曲线）都可以看做是成谐波关系的许多谐波分量（正弦曲线）的叠加。

如果采用时域描述，则横坐标表示各次谐波的时间，纵坐标表示各次谐波的幅值，可得到时间谱图，如图 1-9 所示。

如果采用频域描述，则横坐标表示各次谐波的频率，纵坐标表示各次谐波的幅值，可得到频率谱图，如图 1-10 所示。

某内燃机活塞的加速度与时间的关系曲线如图 1-9 点划线所示，此曲线可看成是成谐波关系的正弦曲线（如图 1-9 中实线的一次谐波和二次谐波）的叠加。如用频率域表示，则横坐标表示各谐波的频率，纵坐标表示各谐波的幅值（F_n）或相位，如图 1-10 所示。图 1-10 即频谱图，它清晰地描述了各谐波分量的频率、幅值、相位间的关系。

周期过程的频谱具有离散性、谐波性和收敛性等特点。

（1）离散性：各正弦分量的频率是不连续的，是离散频谱。

（2）谐波性：各正弦分量的频率是基波的整数倍。

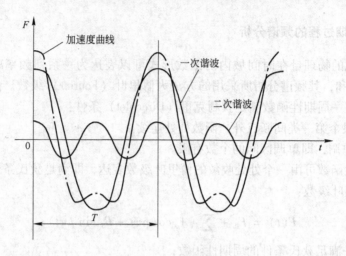

图 1-9 时间域描述

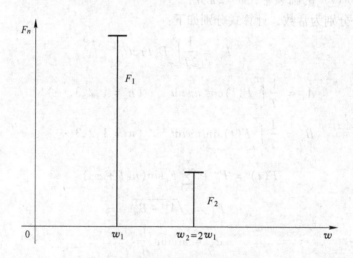

图 1-10 频率域描述——幅频图

（3）收敛性：各分量的幅值随谐波次数的增加而减小（衰减）。

因为谐波的幅度总趋势是随谐波次数的增加而减小的，信号的能量主要集中在低频分量，所以谐波次数过高的那些分量，所占能量很少，高频分量可忽略不计。例如：

$$x(t) = \begin{cases} A & 0 < t < T/2 \\ 0 & t = 0, t = T/2 \qquad 周期性方波 \\ A & T/2 < t < T \end{cases}$$

$$x(t) = \frac{4A}{\pi}\left(\sin wt + \frac{1}{3}\sin 3wt + \frac{1}{5}\sin 5wt + \cdots \right)$$

取不同的谐波分量时，近似波形与实际波形（方波形）的差别如图 1-11 所示。

（1）随着阶数 n 的增加，谐波系数 A_n 逐渐减小，当 n 很大时，A_n 所起的作用很小。

（2）低频谐波幅值较大，是构成信号的主体，而高频谐波只起美化细节的作用。

在一定的误差范围内，只考虑有限的频率分量。从 0 频率到所必须考虑的最高次谐波分量之间的频段称为信号的频带宽度（有效带宽）。信号的频带宽度是一个重要的概念，

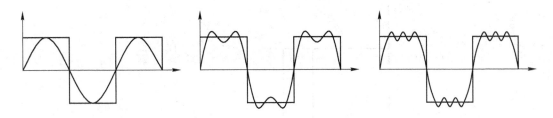

图 1-11 近似波形与实际波形

这在信号处理中，在设计和选用测试装置时要充分注意。

信号的频带指信号包含频率成分的范围。

任务 1.3.3 非周期过程的频谱分析

与周期过程变化的物理量一样，非周期变化的物理量也可以在时间域、频率域内进行描述，其实质与周期性过程的频谱分析没有分别，都是将时间域的物理量变换为频率的描述形式，只是非周期过程的频谱分析采用傅里叶变换而非傅里叶级数的方法。非周期函数 $F(t)$ 的傅里叶变换为：

$$F(\mathrm{j}\omega) = \int_{-\infty}^{\infty} F(t)\mathrm{e}^{-\mathrm{j}\omega t}\mathrm{d}t = |F(\omega)|\,\mathrm{e}^{\mathrm{j}\varphi_m}$$

式中　　　ω——谐波分量的圆频率，它是从 $0 \to \infty$ 的连续量，故是连续频谱；

$|F(\omega)|$，φ_m——各谐波分量的幅值和相角。

$F(t)$——$F(j\omega)$ 的逆变换，即各谐波分量（频谱）的总积分：

$$F(t) = \frac{1}{2\pi}\int_{-\infty}^{\infty} F(\mathrm{j}\omega)\mathrm{e}^{\mathrm{j}\omega t}\mathrm{d}\omega$$

例如，有一过程如图 1-12 所示，现对它进行频谱分析：

$$F(\mathrm{j}\omega) = \int_{-\infty}^{\infty} F(t)\mathrm{e}^{-\mathrm{j}\omega t}\mathrm{d}t = \int_{0}^{\tau} a\mathrm{e}^{-\mathrm{j}\omega t}\mathrm{d}t = \frac{\mathrm{j}a}{\omega}\mathrm{e}^{-\mathrm{j}\omega t}\Big|_{0}^{\tau} = \frac{\mathrm{j}a}{\omega}(\mathrm{e}^{\mathrm{j}\omega t}-1) = \frac{2a}{\omega}\cdot\sin\frac{\omega\tau}{2}\mathrm{e}^{-\mathrm{j}\frac{\omega\tau}{2}}$$

$$|F(\omega)| = \frac{2a}{\omega}\left|\sin\frac{\omega\tau}{2}\right|$$

$$\varphi_\omega = \frac{-\omega\tau}{2}$$

因为

$$\lim_{\infty \to 0}\frac{2a}{\omega}\sin\frac{\omega\tau}{2} = a\tau$$

所以

$$|F(0)| = a\tau$$

可见各谐波分量的幅值、相角与频率 ω 间的关系为：

$$\frac{F(\omega)}{F(0)} = \frac{2}{\omega\tau}\left|\sin\frac{\omega\tau}{2}\right|$$

$$\varPhi(\omega) = -\frac{\omega\tau}{2}$$

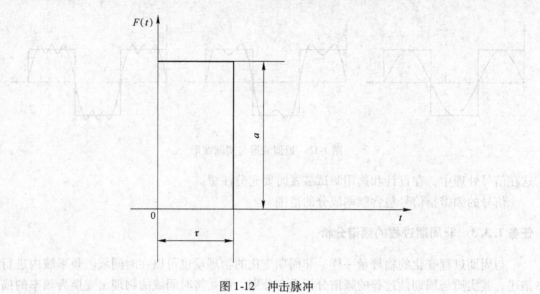

图 1-12　冲击脉冲

它的频谱图如图 1-13 所示。

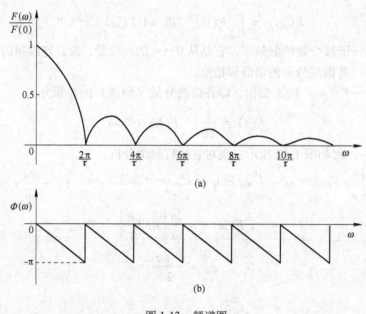

图 1-13　频谱图
(a) 幅频图; (b) 相频图

综上所述,非周期信号有以下特点。

(1) 连续性:连续频谱。

(3) 双边频谱:各正弦分量的频率有正负之分,对称于纵轴。

(3) 收敛性:幅值随谐波的增加而减小。

无论是周期性还是非周期性动态过程都可以利用频谱分析的方法分解成一系列的谐波分量,即任一函数 $F(t)$ 都可看成是一系列谐波分量的和或积分。

测试前利用这一概念,可初步估算被测参量的频率范围,以作为选择与设计电测装置的依据。处理试验数据时也可利用这一概念。根据实验结果利用图解法或频谱分析仪直接求出各谐波分量或频谱图。

　　在选择测量仪器时，测量仪器的工作频率范围必须大于被测信号的频宽。信号的频宽可根据信号的时域波形粗略地确定。

任务 1.3.4　主要频率范围的估计

　　周期过程的周期 T、非周期过程的持续时间 τ 是已知的，那么，周期过程的基波频率为 $1/T$，非周期过程的主要频率为 $1/\tau$，则主要频率范围的估计为：

周期过程　　　　　　　　　　　$0 \sim n/T,\ n = 7 \sim 10$

非周期过程　　　　　　　　　　$0 \sim n/\tau,\ n = 4 \sim 5$

任务 1.3.5　频谱分析的其他应用

　　频谱分析主要用于识别信号中的周期分量，是信号分析中最常用的一种手段。

　　【实例1-1】　在齿轮箱里故障诊断（见图 1-14）。

　　通过齿轮箱振动信号频谱分析，确定最大频率分量，然后根据机床转速和传动链，找出故障齿轮。

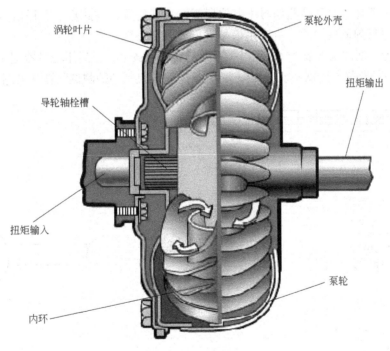

图 1-14　齿轮故障诊断

　　【实例 1-2】　螺旋桨设计（见图 1-15）。

　　通过频谱分析可以确定螺旋桨的固有频率和临界转速，确定螺旋桨转速工作范围。

图 1-15　螺旋桨设计

项目 1.4　测量装置的特性

测试的主要任务是从被测信号中获取所需的特征信息，因此除了获得信号外，还需要对干扰信号进行削弱或去除，对有用信号进行放大和分析。

测量装置是把被测参量 $F(t)$ 经过一系列的转换和放大，最后用记录器记录或数据处理仪处理。它可能是简单测试系统（见图 1-16），也可能是复杂的测试装置（见图 1-17）。

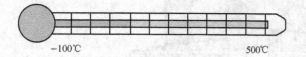

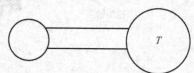

图 1-16　简单测试系统

任务 1.4.1　工程测量中的基本概念

1.4.1.1　系统的概念

系统是从最初输入信号到最终输出信号的各个环节，是执行测试任务的传感器、仪器和设备的总称。测量系统特性简图如图 1-18 所示。

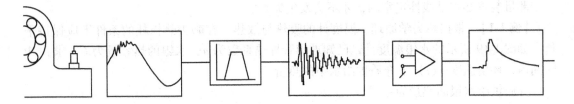

图 1-17　复杂测试系统（轴承缺陷检测）

图 1-18　测量系统特性简图

根据特性简图，系统的输入与输出的关系如下：

（1）已知测量系统的输入量和输出量，推断测量系统的转换特性。

（2）已知测量系统的转换特性，输出量可测，推断输入量。

（3）已知测量系统的转换特性和输入量，推断输出量。

1.4.1.2　不失真的概念

测量不发生失真的条件是：输入量和输出量相似，即

$$KF(t) = \alpha(t - t_0)$$

因此测量装置要满足不失真的条件，必须具备以下性质。

（1）比例性。

$$F(t) \rightarrow \alpha(t)$$
$$KF(t) = k\alpha(t)$$

（2）叠加性。

$$F_1(t) \rightarrow \alpha_1(t)$$
$$F_2(t) \rightarrow \alpha_2(t)$$
$$F_1(t) + F_2(t) \rightarrow \alpha_1(t) + \alpha_2(t)$$

（3）频率不变性。

$$F(t) = A\sin(\omega t + \theta)$$
$$\alpha(t) = B\sin(\omega t + \varphi)$$

装置的输入与输出的关系可用微分方程表述：

$$a_n \frac{\mathrm{d}^n\alpha(t)}{\mathrm{d}t^n} + a_{n-1}\frac{\mathrm{d}^{n-1}\alpha(t)}{\mathrm{d}t^{n-1}} + \cdots + a_1\frac{\mathrm{d}\alpha(t)}{\mathrm{d}t} + a_0\alpha(t) =$$

$$b_m \frac{\mathrm{d}^m F(t)}{\mathrm{d}t^m} + b_{m-1}\frac{\mathrm{d}^{m-1}F(t)}{\mathrm{d}t^{m-1}} + \cdots + b_1\frac{\mathrm{d}F(t)}{\mathrm{d}t} + b_0 F(t) \qquad m < n$$

式中　a_i，b_i——系数，取决于装置的物理性质，是与系统结构参数有关的常数。

系数若与时间无关，则装置称为定常的；若与其各阶导数都无关，则称为线性的；若上述两条件都满足，则称为定常线性的。

系统若最高阶导数是一阶，则称为一阶系统；若最高阶导数是二阶，则称为二阶系统；其余依此类推。

测量装置必须是线性定常的，才不会发生失真。

【例 1-1】　根据热力学原理，温度计的吸热与散热，在略去热损耗的条件下应保持平衡。如图 1-19 所示的水银温度计，已知玻璃管导热系数为 a，水银的热容量为 C，求在 dt 时间内，环境温度 $F(t)$ 下介质供给水银的热量。

介质供给水银的热量为：

$$dQ = [F(t) - \alpha(t)]adt$$

在 dt 时间内，水银的温升为 $d\alpha(t)$，则有：

$$[F(t) - \alpha(t)]adt = Cd\alpha(t)$$

令 $\tau = \dfrac{C}{a}$，则

$$\tau\alpha'(t) + \alpha(t) = F(t)$$

上式中系数与时间及 $\alpha'(t)$、$\alpha(t)$、$F(t)$ 无关，因此水银温度计为线性定常系统，且为一阶系统。

【例 1-2】　如图 1-20 所示，输入为作用在 m 上的力，输出为质量 m 的位移，列出输入与输出的关系。

$$m\frac{d^2\alpha(t)}{dt} + c\frac{d\alpha(t)}{dt} + K\alpha(t) = F(t)$$

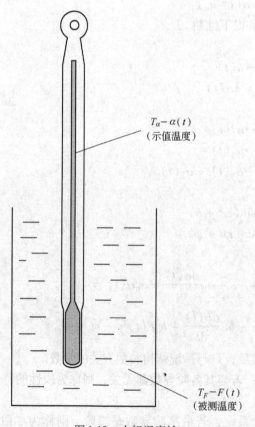

图 1-19　水银温度计

$T_\alpha - \alpha(t)$
（示值温度）

$T_F - F(t)$
（被测温度）

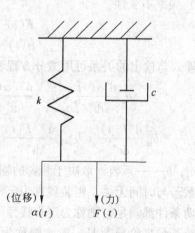

k　　　c

（位移）$\alpha(t)$　　（力）$F(t)$

图 1-20　力和位移

任务 1.4.2　测量系统的静态特性

电测量装置的静态特性又称为"标定曲线"或"校准曲线"，是指输入量为静态时，输出量与输入量之间的关系。静态方程与曲线的形式完全取决于电测装置各组成环节的特性。电测量装置的静态特性可用灵敏度、线性度、迟滞、量程等参数来进行表征。

理想的情况是测量系统的响应和激励之间有线性关系，这时数据处理最简单。

由于原理、材料、制作上的种种客观原因，测量系统的静态特性不可能是严格线性的。如果在测量系统的特性方程中，非线性项的影响不大，实际静态特性接近直线关系，则常用一条参考直线来代替实际的静态特性曲线，近似地表示响应－激励的关系。

1.4.2.1　灵敏度

工作曲线上各点的斜率定义为各点的灵敏度 K_i。若工作曲线是线性的，则各点的灵敏度相同，否则不同，如图 1-21 所示。

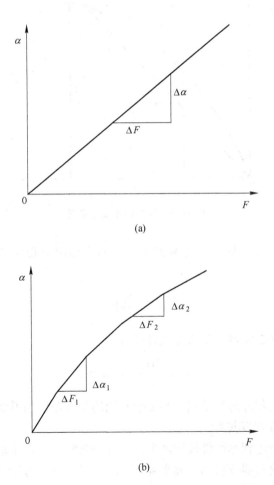

(a)

(b)

图 1-21　工作曲线

（a）线性；（b）非线性

灵敏度可用来描述电测装置输出对输入变化的反应能力，灵敏度越大，表示电测装置越灵敏。测量装置总的灵敏度 K 等于各个环节灵敏度的连乘积，如图 1-22 所示。

$$K = K_M K_S K_U K_Y K_\alpha$$

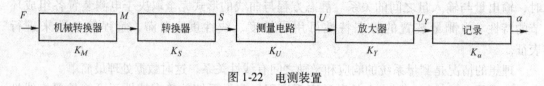

图 1-22　电测装置

1.4.2.2　非线性度

非线性度 η 是指装置的输出与输入偏离线性关系的程度，即静态特性曲线偏离理论直线的程度，如图 1-23 所示。

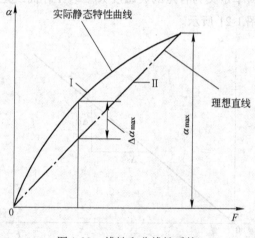

图 1-23　线性和非线性系统

测量系统为线性系统，输入量为静态量时，输入输出方程中的各阶导数为零，方程变为：

$$\alpha = \frac{b_0}{a_0} F$$

由于 b_0、a_0 并不是严格的常数，定义非线性度 η 为：

$$\eta = \frac{\Delta \alpha_{max}}{\alpha_{max}} \times 100\%$$

即在满量程范围内，实际静态特性曲线与理想直线的最大差值与其满量程输出量之比。显然 η 越小，系统的线性程度越好。

实际工作中经常会遇到非线性较为严重的系统，此时，可以采取限制测量范围、采用非线性拟合或非线性放大器等技术措施来提高系统的线性度。对于动态测量，必须采用线性系统，否则会产生非线性失真；对于静态测量，为了便于测量换算或仪器刻度读数方便，也需采用线性系统。所以，线性系统是理想的测量系统。

1.4.2.3 迟滞

迟滞也称"滞后"，在检测系统的全量范围内，输入递减的静态特性曲线和输入递增的静态特性曲线不重合的程度，如图 1-24 所示。测量系统的滞后性 δ 可用两条特性曲线的最大差值 H 和满量程 $\alpha_{\max}$ 之比表示。

$$\delta = \frac{H}{\alpha_{\max}} \times 100\%$$

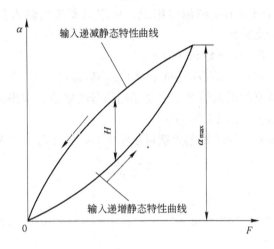

图 1-24　迟滞

滞后性是由于材料滞后以及仪器的不工作区等引起的。对于电测装置，希望其滞后性越小越好。

1.4.2.4 重复性

检测系统输入量按同一方向变化做全量程连续多次测量时，其输出的静态工作曲线不一致的程度，如图 1-25 所示，用误差 r_R 表示。

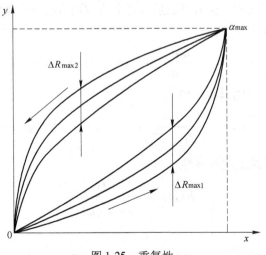

图 1-25　重复性

$$r_R = \pm \frac{\Delta R_{\max}}{\alpha_{\max}} \times 100\%$$

式中　$\Delta R_{\max}$——同一输入量对应多次循环的同向行程输出量的最大差值；

　　　$\alpha_{\max}$——系统的全量程。

任务 1.4.3　测量系统的动态特性

测量系统的动态特性是指输入量为动态量时，输出量与输入量的关系。在时域内动态信号千差万别，在频域内全由正弦信号组成，所以只要研究输入量为正弦信号时的输出量，就能了解系统的动态特性。

输入信号：　　　　$F(t) = A \sin (\omega t + \varphi)$

输出信号：　　　　$\alpha(t) = K(\omega) \sin [\omega t + \varphi + \Phi(\omega)]$

对系统输入不同频率的正弦信号，记录输出信号的幅值，求得输出信号与输入信号幅值的比值就可求得 $K(\omega)$，如图 1-26 所示。

记录输出信号对输入信号的相差角就可求得 $\Phi(\omega)$，如图 1-27 所示。

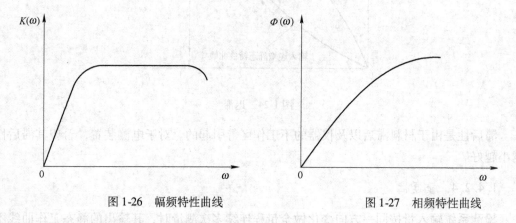

图 1-26　幅频特性曲线　　　　　　　　　　　图 1-27　相频特性曲线

幅频特性和相频特性合成系统的频率响应特性。

若系统的微分方程已知，也可以通过解微分方程的方法求得系统的动态特性。

设一阶系统的微分方程为：

$$\tau \frac{\mathrm{d}\alpha(t)}{\mathrm{d}t} + \alpha(t) = F(t)$$

令 $F(t) = A \sin \omega t$，则其稳定解为：

$$\alpha(t) = \frac{A}{\sqrt{1 + (\omega t)^2}} \sin (\omega t - \arctan \omega t)$$

从而可知，一阶系统的幅频特性：

$$K(\omega) = \frac{1}{\sqrt{1 + (\omega t)^2}}$$

相频特性：

$$\Phi(\omega) = -\arctan \omega t$$

任务 1.4.4　测量工作中的失真

测量系统中常出现的失真有非线性失真、幅频失真和相频失真。

1.4.4.1　非线性失真

非线性失真是由电测装量的工作曲线（即幅值特性曲线）的非线性所引起的。其实质就是由于工作曲线的非线性，而使输出波形中产生了输入波形中所没有的谐波成分，图 1-28 所示。

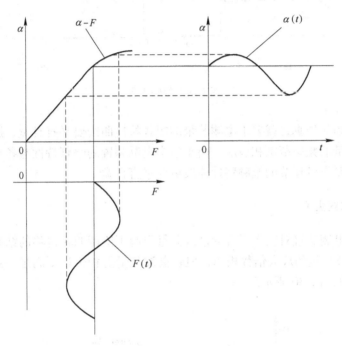

图 1-28　非线性失真

非线性测量系统不能保证输入与输出信号频率成分的不变性，从而产生非线性失真；但线性测量系统却能保证频率成分的不变性，不产生非线性失真。

因此，要不产生非线性失真就要求电测装置的工作曲线是线性的，即是线性测量系统。由于系统总的工作曲线与各环节的工作曲线有关，所以也就要求各环节要在线性状态下工作。

1.4.4.2　幅频失真

幅频失真是由电测装置对于输入 $F(t)$ 所包含的谐波分量具有不同的幅值比或放大倍数所引起的。

假如电测装置对 $F(t)$ 的各谐波分量的幅值比不同，即各分量在幅值上得到不同的放大，那么就会引起输出 $\alpha(t)$ 与输入 $F(t)$ 波形的不同，即产生了失真，称幅频失真，如图 1-29 所示。

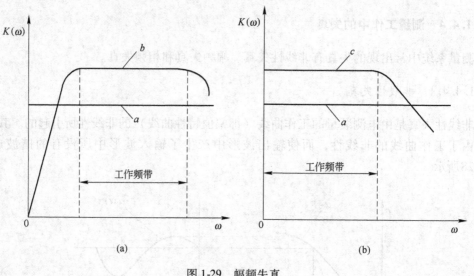

图 1-29　幅频失真

为了不产生幅频失真，就要求电测装量的幅频特性曲线要平直且宽，起码要使它的工作频带要与被测量的频率范围相适应。由于整个电测装置的幅频特性与各组成环节的幅频特性有关，因此要求各环节的幅频特性曲线更要平直且宽。

1.4.4.3　相频失真

相频失真是电测装置对输入所含的谐波分量引起不协调的相位移的结果。即使电测装置对 $F(t)$ 各谐波分量的放大倍数相同，但各谐波分量的相位移不满足一定的关系，也会产生相频失真，如图 1-30 所示。

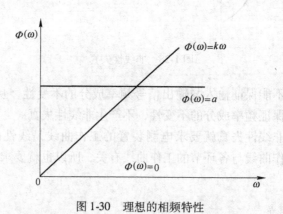

图 1-30　理想的相频特性

如果相位移满足以下两个条件：

（1）　　　　　　　　　　　$\varphi_n = 0$ 或 π

（2）　　　　　　　　　　　$\varphi_n = n\omega T_1$

即各谐波分量的相位移与其频率成正比，则不会发生相频失真。

为了保证不产生相频失真，电测装置的相频特性曲线应与图 1-30 所示的理想相频特性曲线相接近。

对于输入：

$$F(t) = F_0 + \sum_{n=1}^{n} F_n \sin(n\omega t + \varphi_n)$$

那么输出：

$$\alpha(t) = K_0 \Big[F_0 + \sum_{n=1}^{n} F_n \sin(n\omega t + \varphi_n + \Phi(\omega)) \Big]$$

$$= K_0 \Big[F_0 + \sum_{n=1}^{n} F_n \sin(n\omega t + \varphi_n - n\omega T_1) \Big]$$

$$= K_0 \Big\{ F_0 + \sum_{n=1}^{n} F_n \sin[n\omega(t - T_1) + \varphi_n] \Big\}$$

$\alpha(t)$ 仅比 $F(t)$ 滞后或提前了一段时间 T_1，而其波形没有改变。可见只要各谐波的相位移与其频率成正比，就不会产生相频失真。

任务 1.4.5　对测量装置的基本要求

（1）测量系统应保证系统的信号输出能精确地反映输入。

（2）对于一个理想的测量系统应具有确定的输入与输出关系，其中输出与输入成线性关系时为最佳，如图 1-31 所示线性与非线性图。

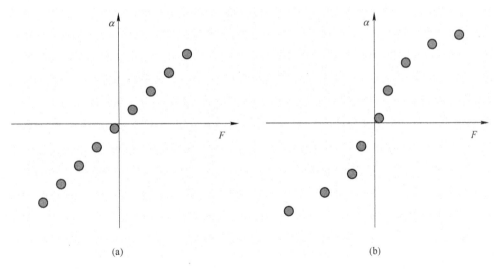

图 1-31　线性与非线性图
（a）线性；（b）非线性

（3）理想的测量系统应当是一个线性时不变系统（线性定常系统）。

（4）具有一定的灵敏度。

（5）测量装置各个环节必须在线性状态下工作，各环节的输入输出呈线性关系，以保证不产生非线性失真。

（6）测量装置各个环节必须能保证被测量的各谐波分量在幅值上得到相同的放大，在相位上得到相应的相移角，以保证不产生幅频失真和相频失真。

（7）测量装置的响应速度要快，能及时反映出被测量的变化。

（8）有良好的工作稳定性和抗干扰能力。

习　　题

1-1　简述非电量法测试的组成。

1-2　信号分析的主要作用是什么？

1-3　被测参量特征的类型有哪些？

1-4　简述周期性频谱分析的物理意义。

1-5　非周期信号的特点是什么？

单元 2 传感器原理及应用

项目 2.1 传感器技术

任务 2.1.1 传感器技术概述

传感器技术作为信息科学的一个重要分支，与计算机技术、自动控制技术和通信技术等一起构成了信息技术的完整学科。

在人类进入信息时代的今天，人们的一切社会活动都是以信息获取与信息转换为中心，传感器作为信息获取与信息转换的重要手段，是信息科学最前端的一个阵地，是实现信息化的基础技术之一。

"没有传感器就没有现代科学技术"的观点已为全世界所公认。以传感器为核心的检测系统就像神经和感官一样，源源不断地向人类提供宏观与微观世界的各种信息，成为人们认识自然、改造自然的有力工具，如电子秤、照相机、电冰箱等。

传感器有些性能超过人的感官，例如：

（1）测量人体无法感知的量，如温度传感器可感受 $-196 \sim 1800 ℃$ 的温度，压力传感器可在 $0.01 \sim 10000 kPa$ 下工作。

（2）可在恶劣环境下工作。

（3）测量范围宽、精确高、可靠性好，如某些传感器精度可达 $0.01\% \sim 0.1\%$，可靠度可达 $8 \sim 9$ 级。

任务 2.1.2 传感器技术的作用、地位及应用

现代信息技术的三大支柱——传感器技术（信息采集）、通信技术（信息传输）、计算机技术（信息处理），在信息系统中分别起到"感官"、"神经"和"大脑"的作用，是现代测量与自动控制的首要环节。

传感器是信息采集系统的首要部件，计算机的"五官"。

没有传感器对原始信息进行精确、可靠的捕获和转换，一切测量和控制都是不可能实现的。

传感器与传感器技术的发展水平是衡量一个国家综合实力的重要标志，也是判断一个国家科学技术现代化程度与生产水平高低的重要依据。

在日本，传感器技术与计算机、通讯、激光、半导体、超导一起被列为六大核心技术。在 21 世纪技术预测中传感器被列为首位。

在美国，传感器及信号处理被列为对国家安全和经济发展有重要影响的关键技术之一。

在欧洲，传感器技术作为优先发展的重点技术。

在中国，国家重点科技项目中，传感器也被列在重要位置。

传感器已渗透到宇宙开发、海洋探测、军事国防、环境保护、资源调查、医学诊断、生物工程、商检质检甚至文物保护等极其广泛的领域，如图 2-1 所示。毫不夸张地说：几乎每个现代化项目，乃至各种复杂工程系统，都离不开各种各样的传感器。

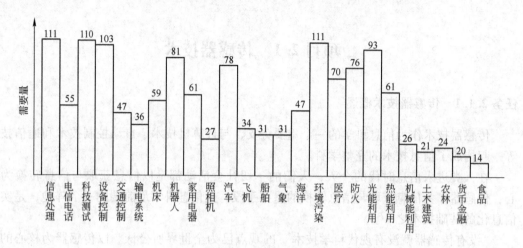

图 2-1 传感器技术的应用领域

（1）传感器在工业检测和自动控制系统中的应用。在石油、化工、电力、钢铁、机械工业生产中常需要及时检测各种工艺参数的信息，通过电子计算机或控制器对生产过程进行自动化控制，如图 2-2 所示。

（e）　　　　　　　　　　　　　　　　　（f）

图2-2　各领域的传感器应用

（a）造纸；（b）化工；（c）纺织；（d）烟草加工；（e）芯片生产；（f）木材烘干

（2）传感器在汽车中的应用。目前，传感器在汽车上不只限于测量行驶速度、行驶距离、发动机旋转速度以及燃料剩余量等有关参数，在一些新设施中，如汽车安全气囊、防滑控制等系统，防盗装置、防抱死装置、排气循环、电子变速控制、电子燃料喷射等装置以及汽车"黑匣子"等也都安装了相应的传感器，如图2-3所示。美国为实现汽车自动化，曾在一辆汽车上安装了90多只传感器以检测不同的信息。

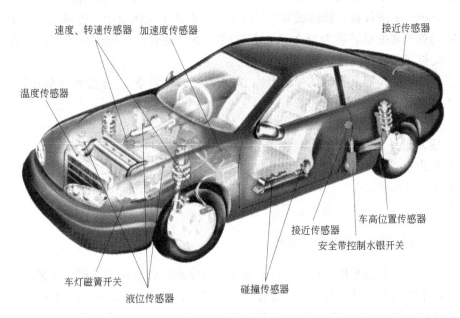

图2-3　汽车传感器

（3）传感器在机器人中的应用。在生产用的单能机器人中，传感器用来检测臂的位置和角度，如图2-4所示；在智能机器人中，传感器用作视觉和触觉感知器。在日本，机器人成本的二分之一是耗费在高性能传感器上的。

（4）传感器在军事方面的应用。利用红外探测可以发现地形、地物及敌方各种军事目标。红外雷达具有搜索、跟踪、测距等功能，可以搜索几十到上千千米的目标。红外探测器在红外制导、红外通信、红外夜视、红外对抗等方面也有广泛的应用，如图 2-5 所示。

图 2-4　汽车焊装生产线

图 2-5　特种武器观察、侦察、探测

项目 2.2　传感器的定义、组成和分类

任务 2.2.1　传感器的基本概念

传感器是一种能够感受外界信息，如力、热、声、磁、光、色、味、尺寸、位移等信息变化，并按一定规律将其转换成电信号的装置。在非电量测量中，传感器是将能够感受到的规定的被测非电量转换为与之有确定对应关系电量输出的器件或装置，简称一感二传，即感受被测信息，并传送出去。

传感器也称变换器（标准信号输出）、发送器（转换效率）、换能器（能量转换）、探测器（工业测量）和检测器。

（1）传感器是测量装置，能完成检测任务。

（2）输入量是某一被测量，如物理量、化学量、生物量等。

（3）输出量是某种物理量，可以是气、光、电物理量，主要是电物理量，便于传输、转换、处理、显示等。

（4）输出与输入有对应关系，且应有一定的精确程度。

任务 2.2.2　传感器的组成与图形符号

传感器一般是利用某种材料所具有的物理、化学和生物效应或原理，按照一定的加工工艺制备出来的电器元件，由于其原理存在差异之处，故传感器的组成也不同。一般情况下，传感器可以抽象为由敏感元件、传感元件（转换元件）、信号转换和调节电路（基本转换电路）、其他辅助元件组成的电子元件，如图 2-6 所示。

（1）敏感元件：是直接感受被测量，并输出与被测量成确定关系的某一物理量（一般为非电量）的元件。如在电感式传感器中，当铁芯和衔铁距离变化时，两者的磁阻也发生改变，位移和磁阻间建立了一定关系，因此衔铁是位移敏感元件。

（2）传感元件：又称变换器，是将敏感元件感受到的非电量直接转换成电信号的器件，这些电信号包括电压、电量、电阻、电感、电容、频率等。在前面的例子中，铁芯上

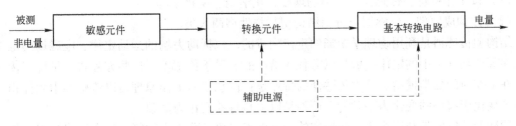

图 2-6 传感器组成框图

连接线圈后,当磁阻变化时,线圈感知了磁阻的变化并使自身的电感也随之发生相应的变化,因此,线圈起到传感元件的功能。

(3)基本转换电路:上述电路参数接入基本转换电路(简称转换电路),便可转换成电量输出。转换电路是传感器的主要组成环节,因为不少传感器要在通过转换电路后才能输出电信号,从而决定了转换电路是传感器的组成环节之一。

实际上,有些传感器很简单,有些则较复杂,大多数是开环系统,也有些是带反馈的闭环系统。

有些传感器由敏感元件和转换元件组成,没有转换电路。例如压电式加速度传感器,质量块是敏感元件,压电片(块)是转换元件。有些传感器,转换元件不止一个,要经过若干次转换。

传感器的图形符号如图 2-7 所示。图中,正方形表示转换元件;三角形表示敏感元件;X 为被测量符号;Y 为转换原理。

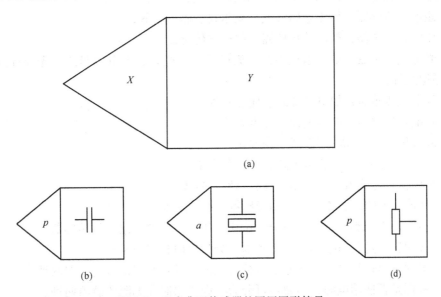

图 2-7 几个典型传感器的图用图形符号

(a) 一般符号;(b) 电容式压力传感器;(c) 压电式加速度传感器;(d) 电位器式压力传感器

任务 2.2.3 传感器的分类

传感器可从不同的角度进行分类。

（1）按工作机理，传感器可分为物理型、化学型、生物型等。

（2）按构成原理，传感器可分为结构型与物性型两大类。

结构型传感器是利用物理学中场的定律构成的，包括动力场的运动定律、电磁场的电磁定律等。物理学中的定律一般是以方程式给出的。对于传感器，这些方程式就是许多传感器在工作时的数学模型。这类传感器的特点是：传感器的工作原理是以传感器中元件相对位置变化引起场的变化为基础的，而不是以材料特性变化为基础。

物性型传感器是利用物质定律构成的，如虎克定律、欧姆定律等。物质定律是表示物质某种客观性质的法则。这种法则，大多数是以物质本身的常数形式给出。这些常数的大小，决定了传感器的主要性能。物性型传感器的性能随材料的不同而异。如光电管，利用了物质法则中的外光电效应，特性与涂覆在电极上的材料有着密切的关系。所有半导体传感器、所有利用各种环境变化而引起的金属、半导体、陶瓷、合金等性能变化的传感器，都属于物性型传感器。

（3）按能量转换与控制，传感器可分为能量控制型和能量转换型两类。

能量控制型传感器在信息变化过程中，将从被测对象获取的信息能量用于调制或控制外部激励源，使外部激励源的部分能量载运信息而形成输出信号。这类传感器必须由外部提供激励源，如电阻、电感、电容等电路参量传感器都属于这一类传感器。基于应变电阻效应、磁阻效应、热阻效应、外光电效应、霍尔效应等的传感器也属于此类传感器。

（4）按照物理原理分类，传感器可分为如下 10 类。

1）电参量式传感器：如电阻式、电感式、电容式等；

2）磁电式传感器：如磁电感应式、霍尔式、磁栅式等；

3）压电式传感器：如声波传感器、超声波传感器等；

4）光电式传感器：如一般光电式、光栅式、激光式、光电码盘式、光导纤维式、红外式、摄像式等；

5）气电式传感器：如电位器式、应变式等；

6）热电式传感器：如热电偶、热电阻等；

7）波式传感器：如超声波式、微波式等；

8）射线式传感器：如热辐射式、γ 射线式等；

9）半导体式传感器：如霍尔器件、热敏电阻等；

10）其他原理的传感器：如差动变压器、振弦式等。

（5）按照用途分类，传感器可分为位移、压力、振动、温度等传感器。

（6）按照转换过程可逆与否，传感器可分为单向和双向两种。

（7）根据输出信号分类，传感器可分为模拟信号和数字信号传感器两种。

（8）根据是否使用电源，传感器可分为有源传感器和无源传感器两种。

有些传感器的工作原理具有两种以上原理的复合形式，如不少半导体式传感器，也可看成电参量式传感器。

任务 2.2.4　传感器的物理定律

（1）守恒定律。物理量随着空间和时间的移动，其总量保持不变，如能量守恒、动量守恒、电荷守恒等。传感器与被测量之间能量转换时必须遵循守恒定律。

（2）统计法则。统计法则是运动的微观世界与宏观世界相结合的定律，如：热力学第二定律、奈奎斯特（Nyquist）定理等，常和传感器的工作状态有关。

（3）场的定律。场的定律是描述电磁场、物质场、重力场等在空间和时间上的变换规律，物理方程变换为传感器工作的数学模型。结构型传感器是利用场的定律构成的传感器。其中电容式传感器、电磁感应、电感式传感器是利用静电场的定律构成的传感器。

（4）物质定律。物质定律是关于各种物质内在客观性质的定律，如虎克定律、欧姆定律等。物性型传感器是基于物质定律构成的传感器。其中压敏、热敏、光敏、湿敏等传感器是根据半导体物质法则构成的传感器。

项目 2.3　电阻式传感器

电阻式传感器是利用一定的方式，将被测量的变化转化为敏感元件电阻值的变化，进而通过电路变成电压或电流信号输出的一类传感器，可用于各种机械量和热工量的检测。它的结构简单，性能稳定，成本低廉，因此，在许多行业得到了广泛应用。

电阻传感器主要分为两类：电位计（器）式电阻传感器和应变式电阻传感器。前者又分为线绕式和非线绕式两种，主要用于非电量变化较大的测量场合；后者又分为金属应变片和半导体应变片式电阻传感器，主要用于测量变化量相对较小的情况，具有灵敏度高的优点。

任务 2.3.1　电阻应变片的工作原理

应变式传感器的核心元件是电阻应变片，它将试件上的应力变化转换成电阻变化。

导体或半导体在受到外界力的作用时，产生机械变形，机械变形导致其阻值变化，这种因形变而使阻值发生变化的现象称为应变效应。

2.3.1.1　金属的应变效应

对于一长为 L、横截面积为 A、电阻率为 ρ 的金属丝，其电阻值 R 为：

$$R = \rho L / A$$

如图 2-8 所示，如果在电阻丝长度上作用均匀应力，则 ρ、L、A 的变化（$\mathrm{d}\rho$、$\mathrm{d}L$、$\mathrm{d}A$）将引起电阻 R 变化 $\mathrm{d}R$。通过对上式的全微分可得 $\mathrm{d}R$ 为：

$$\mathrm{d}R = \frac{\rho}{A}\mathrm{d}L + \frac{L}{A}\mathrm{d}\rho - \frac{\rho L}{A^2}\mathrm{d}A$$

若电阻丝是圆形的，其半径为 r，则 $A = \pi r^2$，对 r 微分得 $\mathrm{d}A = 2\pi r \mathrm{d}r$，则

$$\frac{\mathrm{d}A}{A} = \frac{2\pi r \mathrm{d}r}{\pi r^2} = 2\frac{\mathrm{d}r}{r}$$

令 $\mathrm{d}L/L = \varepsilon_x$（金属的轴向应变），$\mathrm{d}r/r = \varepsilon_y$（金属的径向应变）。

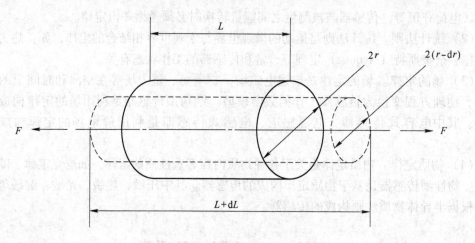

图 2-8　金属丝的应变效应

在弹性范围内金属丝受拉力时，沿轴向伸长，沿径向缩短，则轴向应变和径向应变的关系为：

$$\varepsilon_y = -\mu\varepsilon_x$$

式中，μ 为金属材料的泊松系数。

定义 K_S 为金属丝的灵敏系数，表示单位应变所引起的电阻的相对变化，则有

$$K_S = \frac{\mathrm{d}R}{R}/\varepsilon_x = (1 + 2\mu) + \frac{\mathrm{d}\rho}{\rho}/\varepsilon_x$$

对于确定的金属材料，$1 + 2\mu$ 是常数，其数值在 $1 \sim 2$ 之间。实验证明 $\dfrac{\mathrm{d}\rho}{\rho}\Big/\varepsilon_x$ 也是常数，但对于金属材料，它比 $1 + 2\mu$ 要小得多。

$$\frac{\mathrm{d}R}{R} = K_S\varepsilon_x$$

$$K_S = \frac{\mathrm{d}R}{R}/\varepsilon_x$$

金属的电阻相对变化与应变成正比关系。

根据应力 σ 和应变 ε 的关系：

$$\sigma = \varepsilon E$$
$$\sigma \propto \varepsilon$$
$$\varepsilon \propto \mathrm{d}R$$
$$\sigma \propto \mathrm{d}R$$

通过弹性元件，可将应力转换为应变，这是应变式传感器测量应力的基本原理。

灵敏系数 K_S 受两个因素影响：

（1）应变片受力后材料几何尺寸的变化，即 $1 + 2\mu$；

（2）应变片受力后材料的电阻率的变化，即 $\dfrac{\mathrm{d}\rho}{\rho}/\varepsilon_x$。

应变是量纲为 1 的数。通常应变很小，常用 10^{-6} 来表示。例如，当应变为 0.000001 时，在工程中常表示为 1×10^{-6} 或 $\mu\mathrm{m/m}$，因此在应变测量中，也常称为微应变。

2.3.1.2　半导体的压阻效应

半导体应变片是以压阻效应为理论基础的传感器，所以又称为压阻式传感器，是基于半导体材料的压阻效应而制成的一种纯电阻性元件。所谓压阻效应，是指锗、硅等半导体材料，当某一轴向受到力的作用时，半导体材料的电阻率随作用应力的变化而变化的现象。

当半导体材料受轴向力作用时，电阻相对变化为：

$$\frac{\mathrm{d}R}{R} = (1 + 2\mu)\varepsilon_x + \frac{\mathrm{d}\rho}{\rho}$$

半导体材料敏感条电阻率的相对变化值与其在轴向所受的应力之比为一常数，即

$$\frac{\mathrm{d}\rho}{\rho} = \pi\sigma = \pi E\varepsilon_x$$

$$\frac{\mathrm{d}R}{R} = (1 + 2\mu + \pi E)\varepsilon_x$$

式中，π 为半导体材料的压阻系数；$1 + 2\mu$ 随几何形状而变化；πE 为压阻效应，随电阻率而变化。

实验证明 πE 比 $1 + 2\mu$ 大近百倍，所以 $1 + 2\mu$ 可以忽略，因而半导体应变片的灵敏系数 K_B 为：

$$K_B = \frac{\mathrm{d}R}{R}\Big/\varepsilon_x = \pi E$$

半导体应变片的灵敏系数比金属丝式的高 50～80 倍，但半导体材料的温度系数大，应变时非线性比较严重，使应用范围受到一定的限制。

半导体应变片的优点是：体积小，灵敏度高，频率响应范围宽，输出幅值大，不需要放大器，可直接与记录仪连接，使测量系统简单。

任务 2.3.2　电阻应变片的种类

电阻应变片可从不同的角度进行分类，按材料分类，可分为金属电阻应变片、半导体电阻应变片；按结构分类，可分为单片、双片、特殊形状电阻应变片；按使用环境分类，可分为高温、低温、高压、磁场、水下等电阻应变片。

2.3.2.1　金属电阻应变片

如图 2-9 所示，金属电阻应变片一般由敏感栅（即金属丝）、黏结剂、基底、引出线和覆盖层五部分组成。若将应变片粘贴在被测构件的表面，当金属丝随构件一起变形时，其电阻值也随之变化。

（1）敏感栅。敏感栅的作用是感受试件的机械应变并将其转换为电阻变化。对其要求是：

1）电阻率高，利于制造小型应变片测量应力集中。

2）灵敏系数大且为常数，线性范围宽。

3）电阻温度系数小，有足够的热稳定性。

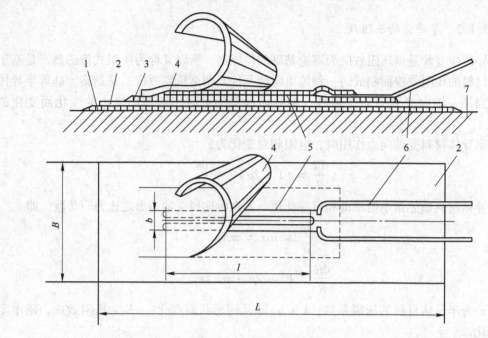

图 2-9　金属丝应变片结构
1，3—黏结层；2—基底；4—覆盖层；5—敏感栅；6—引线；7—试件

4）加工和焊接性能好。

5）有足够的机械强度。

敏感栅的材料通常为铜镍合金，这是因为铜镍合金的灵敏系数稳定，工作应变范围广，电阻率高，温度系数低，易加工。

（2）基底。基底的作用是固定和支撑敏感栅，使试件与敏感栅绝缘。对其要求是：机械性能好、防潮性好、绝缘好、热稳定性好、线膨胀系数小、柔软和便于粘贴。基底有纸基和胶基两种。

1）纸基：多孔、不含油的薄纸（$0.02 \sim 0.05$mm），使用温度为 $-50 \sim 80$℃。其优点是柔软、易于粘贴、应变极限大、价廉；缺点是防潮、绝缘性能差。

2）胶基：酚醛树脂、环氧树脂及聚酰亚胺等有机聚合物（0.03mm）。其优点是强度高、耐热、耐潮和绝缘。胶基的使用温度为 $-50 \sim 170$℃，聚酰亚胺可以到 300℃。

（3）黏结层。黏结层的作用是将敏感栅固定在基底或将应变片固定在待测试样表面。

（4）覆盖层。覆盖层的作用是帮助基底维持敏感栅的几何形状，保护敏感栅不发生短路或受到机械伤害。覆盖层的材料一般与基底材料相同。

（5）引线。引线的作用是将敏感栅接入测量电路，以便从敏感栅引出电信号。其材料一般选择低阻值的镀锡铜丝，直径 $\phi 0.15 \sim 0.2$mm，长 $40 \sim 50$mm，高温应变片选择镍铬合金。

金属电阻应变片可分为单轴式应变片和多轴式应变片两种。其中单轴式应变片又可分为金属丝式应变片、金属箔式应变片和金属薄膜应变片。

（1）金属丝式应变片：金属电阻丝（敏感栅由直径为 $0.02 \sim 0.05$mm 的高电阻合金丝

缠绕成栅状）粘贴在绝缘基片上，上面覆盖一层薄膜，变成一个整体。金属丝式应变片的优点是价格低廉、制造简单、粘贴容易，缺点是不防潮、耐热性差，适用于60℃以下，横向效应大。

（2）金属箔式应变片：利用光刻、腐蚀等工艺制成一种很薄的金属箔栅，厚度一般在0.003~0.010mm。将此金属箔栅粘贴在基片上，上面再覆盖一层薄膜即制成金属箔式应变片，如图2-10所示。

金属箔式应变片的优点是表面积和截面积之比大，散热条件好，允许通过的电流较大，可制成各种需要的形状，绝缘和防潮性能好，便于批量生产；缺点是粘贴较困难。

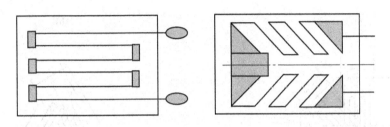

图2-10 金属箔式应变片

（3）金属薄膜应变片：金属薄膜应变片是采用真空蒸镀或溅射式阴极扩散等方法，在薄的基底材料上覆上一层金属电阻材料薄膜以形成应变片。其特点是灵敏度系数较高、允许电流密度大、工作温度范围较广。

以上应变片均属于单轴式应变片，即一个基底上只有一个敏感栅，用于测量沿栅轴方向的应变。如图2-11所示，在同一基底上按一定角度布置几个敏感栅，可测量同一点沿几个敏感栅栅轴方向的应变，此种应变片称为多轴应变片，俗称应变花（见图2-12）。应变花主要用于测量平面应力状态下一点的主应变和主方向。

应变花在实际生活中的应用如图2-13所示。

2.3.2.2 半导体应变片

用半导体材料制作敏感栅的应变片，它是以P型或者N型硅或锗单晶体为材料，按应力引起电阻最大的晶轴方向经过切片、磨片、制作、焊接等工艺制成。

半导体应变片的优点是敏感系数大（比金属栅应变片大约十倍）、输出信号大；缺点是电阻温度系数大、线性差、热稳定性差、较昂贵。

半导体应变片有体型、薄膜型和扩散型等多种类型。

（1）体型半导体应变片：由半导体材料硅或锗晶体按一定方向切割成片状小条，经腐蚀压焊粘贴在基片上制成。图2-14所示为体型半导体应变片的结构。

（2）薄膜型半导体应变片：通过薄膜制备技术，在带有绝缘层的试件上沉积半导体材料薄膜而制成。图2-15所示为薄膜型半导体应变片的结构。

（3）扩散型半导体应变片：P型杂质扩散到N型硅单晶基底上，形成一层极薄的P型导电层，再通过超声波和热压焊法接上引出线就形成了扩散型半导体应变片，如图2-16所示。

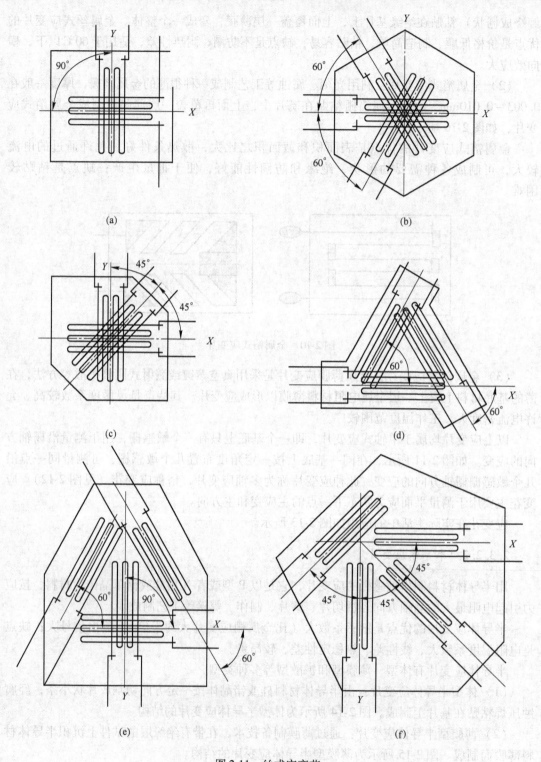

图 2-11　丝式应变花

（a）90°直角应变花；（b）60°星形应变花；（c）45°应变花；

（d）60°等角应变花；（e）△形应变花；（f）双直角应变花

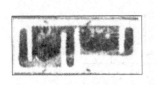

图 2-12 箔式应变花

(a) (b)

图 2-13 生活中的应变花

（a）水泥桩粘贴应变花；（b）蜗壳及内钢筋粘贴应变花

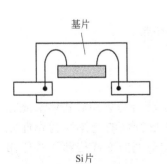
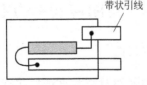

图 2-14 体型半导体应变片的结构

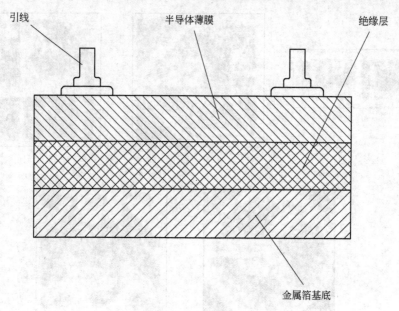

图 2-15　薄膜型半导体应变片的结构

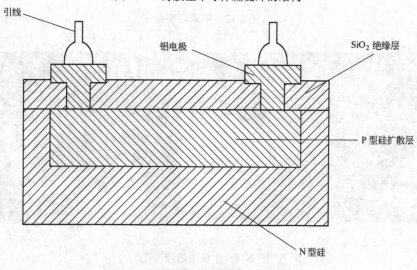

图 2-16　扩散型半导体应变片的结构

项目 2.4　电阻应变片的主要特性

任务 2.4.1　弹性敏感元件的基本特性

变形是指物体在外力作用下而改变原来尺寸或形状的现象。当外力去掉后物体又能完全恢复其原来的尺寸和形状的变形称为弹性变形。具有弹性变形特性的物体称为弹性元件，如图 2-17 所示。弹性元件可以将力、力矩或压力变换成相应的应变或位移，并传递给粘贴在弹性元件上的应变片。

力、力矩或压力通过应变片转换成相应的电阻值。弹性敏感元件在应变片测量技术中有极其重要地位。

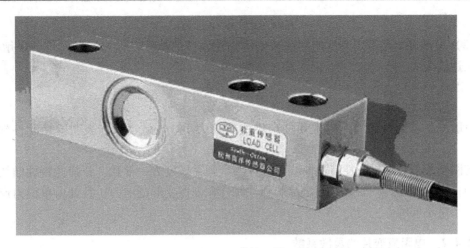

图 2-17 弹性元件

（1）刚度。刚度是指弹性元件单位变形下所需要的力，用 C 表示。刚度是弹性元件受外力作用下变形大小的量度，数学表达式为：

$$C = \lim \frac{\Delta F}{\Delta x} = \frac{\mathrm{d}F}{\mathrm{d}x}$$

式中 F——作用在弹性元件上的外力，N；

x——弹性元件所产生的变形，mm。

如图 2-18 所示，从弹性特性曲线上可求刚度。例如求曲线 1 上 A 点的刚度。过 A 点作切线，与水平夹角的正切就为 A 点处的刚度，即

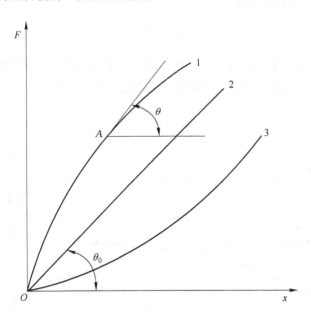

图 2-18 弹性特性曲线

$$\tan\theta = \mathrm{d}F/\mathrm{d}x$$

若曲线是线性的，则刚度是一个常数，即

$$\tan\theta = \mathrm{d}F/\mathrm{d}x = 常数$$

（2）灵敏度。通常用刚度的倒数来表示弹性元件的特性，称为弹性元件的灵敏度 S，数学表达式为：

$$S = \frac{1}{C} = \frac{\mathrm{d}x}{\mathrm{d}F}$$

灵敏度是单位力作用下弹性元件产生变形的大小。灵敏度大，表明弹性元件软，变形大。

与刚度相似，如果弹性特性曲线是线性的，则灵敏度为一常数。若弹性特性曲线是非线性的，则灵敏度为一变数，即表示此弹性元件在弹性变形范围内，各处由单位力产生的变形大小是不同的。

任务 2.4.2　电阻应变片的灵敏系数

应变片敏感材料——金属或半导体的电阻相对变化与应变之间具有线性关系，用灵敏度系数 K_S 表示：

$$K_S = \frac{\mathrm{d}R}{R}/\varepsilon_x = (1 + 2\mu) + \frac{\mathrm{d}\rho}{\rho}/\varepsilon_x$$

但材料做成应变片后的电阻 – 应变特性与敏感材料本身的不同。

实验表明，应变片的电阻相对变化与应变 ε 在很宽的范围内均为线性关系：

$$\frac{\Delta R}{R} = K\varepsilon$$

式中　K——应变片的灵敏系数。

$$K = \frac{\Delta R}{R}/\varepsilon$$

灵敏系数 K 表示安装在被测试件上的应变片在其轴向受到单向应力时，引起的电阻相对变化与其单向应力引起的试件表面轴向应变之比（见图 2-19）。

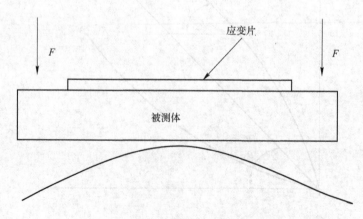

图 2-19　测量应变片敏感系数

测量结果表明，应变片的灵敏系数一般小于敏感材料的灵敏度系数。

灵敏系数 K 的主要影响因素有：敏感栅结构形状、成型工艺、黏结剂和基底性能，特别是横向效应。

应变片的灵敏系数直接关系到应变测量的精度。

灵敏系数值通常采用从批量生产中每批抽样，在规定条件下，通过实测来确定，所得的应变片的灵敏系数称为标称灵敏系数。

任务 2.4.3　电阻应变片的横向效应

如图 2-20 所示，应变片敏感栅的两端为半圆弧形的横栅，测量应变时，构件的轴向应变使敏感栅电阻发生变化，而其横向应变也使敏感栅半圆弧部分的电阻发生变化。

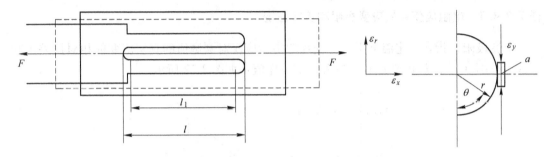

图 2-20　应变片横向效应

应变片的这种既受轴向应变影响，又受横向应变影响而引起电阻变化的现象称为横向效应。

任务 2.4.4　电阻应变片的机械滞后、零漂及蠕变

（1）机械滞后。应变片粘贴在被测试件上，当温度恒定时，其加载特性与卸载特性不重合，即为机械滞后，如图 2-21 所示。

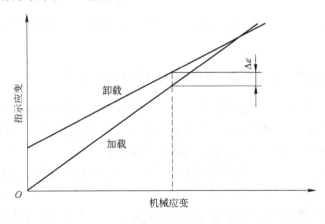

图 2-21　机械滞后

机械滞后产生的原因是：

1）应变片在承受机械应变后的残余变形，使敏感栅电阻发生少量不可逆变化。

2）在制造或粘贴应变片时，敏感栅受到不适当的变形或黏结剂固化不充分等。

3）与应变片所承受的应变量也有关，加载时的应变愈大，卸载时的滞后也愈大。通

常在实验之前预先加、卸载若干次，以减少因机械滞后产生的误差。

（2）零点漂移。对于粘贴好的应变片，当温度恒定、不承受应变时，其电阻值随时间推移而变化的特性，称为应变片的零点漂移。

零点漂移产生的原因是：敏感栅通电后的温度效应；应变片的内应力逐渐变化；黏结剂固化不充分等。

（3）蠕变。在一定温度下应变片承受恒定的机械应变时，电阻值随时间推移而变化的特性称为蠕变。一般蠕变的方向与原应变量的方向相反。

蠕变产生的原因是：胶层之间发生"滑动"，使力传到敏感栅的应变量逐渐减小。

任务 2.4.5　电阻应变片的应变极限和真实应变

应变极限是指在一定温度下，应变片的指示应变对测试值的真实应变的相对误差不超过规定范围（一般为 10%）时的最大真实应变值，如图 2-22 所示。

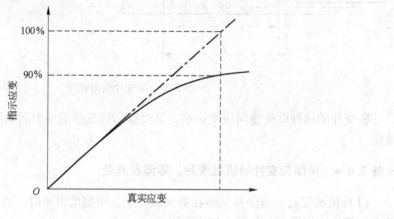

图 2-22　应变片的应变极限

真实应变是指因工作温度变化或承受机械载荷，在被测试件内产生应力时所引起的表面应变。

任务 2.4.6　电阻应变片的电阻值、绝缘电阻和最大工作电流

（1）电阻值。应变片的电阻值是指应变片没有粘贴且未受应变时，在室温下测定的电阻值，即初始电阻值。金属电阻应变片的电阻值已标准化，有一定的系列，如 60Ω、120Ω、250Ω、350Ω 和 1000Ω，其中以 120Ω 最为常用。

（2）绝缘电阻。应变片绝缘电阻是指已粘贴的应变片的引线与被测件之间的电阻值 R_m。通常要求 R_m 在 $50 \sim 100M\Omega$ 以上。

绝缘电阻下降使测量系统的灵敏度降低。R_m 取决于黏结剂及基底材料的种类及固化工艺。在常温使用条件下要采取必要的防潮措施；在中温或高温条件下要选取绝缘性好的黏结剂和基底材料。

（3）最大工作电流。应变片允许通过敏感栅而不影响其工作特性的最大电流称为最大工作电流 I_{max}。工作电流大，输出信号就大，灵敏度也高。但工作电流过大会使应变片过热，灵敏系数产生变化，零漂及蠕变增加，甚至烧毁应变片。

工作电流的选取要根据试件的导热性能及敏感栅的形状和尺寸来决定。通常静态测量时取 25mA 左右；动态测量时可取 75 ~ 100mA。测量材料散热好，可取大一些；导热性差，可取小一些。

任务 2.4.7　电阻应变片的温度误差

用作测量的应变片，希望阻值仅随应变变化，而不受其他因素的影响。实际上应变片的阻值受环境温度（包括被测试件的温度）影响很大。

环境温度变化引起的电阻变化与试件应变所造成的电阻变化几乎有相同的数量级，产生很大的测量误差。此误差称为应变片的温度误差，又称热输出。

因环境温度改变而引起电阻变化的两个主要因素：

（1）应变片的敏感栅具有一定温度系数；

（2）应变片材料与测试材料的线膨胀系数不同。

设环境温度变化 Δt（℃）时，应变片敏感栅材料的电阻温度系数为 α_t，则应变片产生的电阻相对变化为：

$$\left(\frac{\Delta R}{R}\right)_1 = \alpha_t \Delta t$$

敏感栅材料和被测构件材料线膨胀系数不同，当 Δt 存在时引起应变片的附加应变，相应的电阻相对变化为：

$$\left(\frac{\Delta R}{R}\right)_2 = K(\beta_e - \beta_g)\Delta t$$

式中　　K——应变片灵敏系数；

　　　　β_e——试件材料线膨胀系数；

　　　　β_g——敏感栅材料线膨胀系数。

温度变化 Δt 形成的总电阻相对变化为：

$$\left(\frac{\Delta R}{R}\right)_1 = \left(\frac{\Delta R}{R}\right)_1 + \left(\frac{\Delta R}{R}\right)_2 = \alpha_t \Delta t + K(\beta_e - \beta_g)\Delta t$$

相应的虚假应变为：

$$\varepsilon_t = \left(\frac{\Delta R}{R}\right)_1 / K$$

$$= \frac{\alpha_t}{K}\Delta t + (\beta_e - \beta_g)\Delta t$$

因此，应变片热输出的大小不仅与应变片敏感栅材料的性能参数（K、α_t、β_g）有关，而且与被测试件材料的线膨胀系数（β_e）有关。

任务 2.4.8　电阻应变片的粘贴和防护

常温应变片通常采用黏结剂粘贴在构件的表面。粘贴应变片是测量准备工作中最重要的一个环节。在测量中，构件表面的变形通过黏结层传递给应变片。显然，只有黏结层均匀、牢固、不产生蠕滑，才能保证应变片如实地再现构件表面的变形。应变片的粘贴由手工操作，一般按如下步骤进行：

（1）检查、分选应变片。

（2）处理构件的测点表面。

（3）粘贴应变片。

（4）加热烘干、固化。

（5）检查应变片的电阻值，测量绝缘电阻。

（6）引出导线。

实际测量中，应变片可能处于多种环境中，有时需要对粘贴好的应变片采取相应的防护措施，以保证其安全可靠。一般在应变片粘贴完成后，根据需要可用石蜡、纯凡士林、环氧树脂等对应变片的表面进行涂覆保护。

项目 2.5 传感器的选用原则

选用传感器时，需考虑以下因素：

（1）与测量条件有关的因素。

1）测量的目的；

2）被测试量的选择；

3）测量范围；

4）输入信号的幅值、频带宽度；

5）精度要求；

6）测量所需要的时间。

（2）与传感器有关的技术指标。

1）精度；

2）稳定度；

3）响应特性；

4）模拟量与数字量；

5）输出幅值；

6）对被测物体产生的负载效应；

7）校正周期；

8）超标准过大的输入信号保护。

（3）与使用环境条件有关的因素。

1）安装现场条件及情况；

2）环境条件（湿温度、振动等）；

3）信号传输距离；

4）所需现场提供的功率容量。

（4）与购买和维修有关的因素。

1）价格；

2）零配件的储备；

3）服务与维修制度，保修时间；

4）交货日期。

表 2-1 是传感器的一些基本参数、指标，供选用时参考。

表 2-1　传感器的指标

指　　标		项　　目
基本参数指标	量程指标	量程范围、过载能力等
	灵敏度指标	灵敏度、分辨力、满量程输出等
	精度有关指标	精度、误差、线性、滞后、重复性、灵敏度误差、稳定性等
	动态性能指标	固定频率、阻尼比、时间常数、频率响应范围、频率特性、临界频率、临界速度、稳定时间等
环境参数指标	温度指标	工作温度范围、温度误差、温度漂移、温度系数、热滞后等
	抗冲振指标	允许各向抗冲振的频率、振幅及加速度，冲振所引入的误差
	其他环境参数	抗潮湿、抗介质腐蚀、抗电磁场干扰等能力
可靠性指标		工作寿命、平均无故障时间、保险期、疲劳性能、绝缘电阻、耐压及抗飞弧等
其他指标	使用有关指标	供电方式（直流、交流、频率及波形等）、功率、各项分布参数值、电压范围与稳定度等；外形尺寸、重量、壳体材质、结构特点等；安装方式、馈线电缆等

习　　题

2-1　传感器如何分类？

2-2　简述电阻应变片的工作原理。

2-3　简述金属电阻应变片的组成及各部分的作用。

2-4　简述电阻应变片机械滞后的产生原因。

单元 3 常用测量电路

传感器输出的电信号较弱，不能直接输出，需要进行进一步交换、处理，转换成仪表显示、记录所能接受信号形式。以下将主要电桥、放大、调制、相敏检波、数据采集等常用的测量电路。

项目 3.1 常用电桥

电桥电路基本形式如图 3-1 所示，它可以从不同角度进行分类，如下所列：

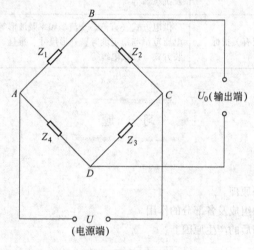

图 3-1 电桥电路

$$
应变电桥
\begin{cases}
工作臂 \begin{cases} 单臂应变电桥 \\ 双臂应变电桥 \end{cases} \\[2mm]
电源 \begin{cases} 直流电桥：R \\ 交流电桥：R、L、C \end{cases} \\[2mm]
工作方式 \begin{cases} 平衡桥式：零位测量法（静态） \\ 不平衡桥式：偏差测量法（动态） \end{cases} \\[2mm]
桥臂关系 \begin{cases} 半等臂电桥 \begin{cases} 电源端对称：Z_1 = Z_4、Z_2 = Z_3 \\ 输出端对称：Z_1 = Z_2、Z_3 = Z_4 \end{cases} \\ 全等臂电桥：Z_1 = Z_2 = Z_3 = Z_4 \end{cases} \\[2mm]
负载 \begin{cases} 电压输出桥：R_L \to \infty、I = 0 \\ 功率输出桥：U、I \end{cases}
\end{cases}
$$

任务 3.1.1　直流电桥

3.1.1.1　平衡条件

图 3-2 所示为直流测量电桥。

当 $R_L \to \infty$ 时，电桥输出电压为：

$$U_0 = E\left(\frac{R_1}{R_1 + R_2} - \frac{R_3}{R_3 + R_4}\right)$$

当电桥平衡时，

$$U_0 = 0 \quad R_1 R_4 = R_2 R_3 \text{ 或 } R_1/R_2 = R_3/R_4$$

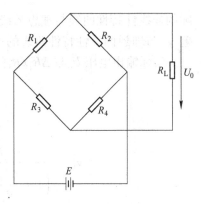

图 3-2　直流测量电桥

若 R_1 由应变片替代，当电桥开路时，不平衡电桥输出的电压为：

$$U_0 = E\left(\frac{R_1 + \Delta R_1}{R_1 + \Delta R_1 + R_2} - \frac{R_3}{R_3 + R_4}\right)$$

$$U_0 = \left[\frac{\dfrac{\Delta R_1}{R_1}\dfrac{R_4}{R_3}}{\left(1 + \dfrac{\Delta R_1}{R_1} + \dfrac{R_2}{R_1}\right)\left(1 + \dfrac{R_4}{R_3}\right)}\right] E$$

3.1.1.2　电压灵敏度

设桥臂比 $n = R_2/R_1$，$\Delta R_1 \ll R_1$，则有：

$$U_0 \approx E\,\frac{n}{(1 + n)^2} \cdot \frac{\Delta R_1}{R_1} = U_0'$$

$$K_U = \frac{U_0}{\dfrac{\Delta R_1}{R_1}} \approx E\,\frac{n}{(1 + n)^2}$$

式中　K_U——电压灵敏度。

（1）电压灵敏度 K_U 正比于供电电压，供电电压越高，灵敏度越高，但供电电压的提高受到应变片允许功耗的限制，要作适当选择。

（2）电压灵敏度是桥臂比的函数，恰当地选择桥臂比的值，可保证有高的电压灵敏度。

（3）在当供桥电压 E 确定后，当 $n = 1$ 即 $R_1 = R_2$、$R_3 = R_4$ 时，电桥的灵敏度最高。

$$K_{U_{\max}} = \frac{1}{4}E$$

当供桥电压和电阻相对变化一定时，电桥的输出电压及其灵敏度也是定值，且与各桥臂阻值大小无关。

3.1.1.3　非线性误差及补偿方法

A　非线性误差

非线性误差可分为绝对非线性误差和相对非线性误差两类。绝对非线性误差是指实际的非线性特性曲线与理想的线性特性曲线的偏差。相对非线性误差是指绝对非线性误差 γ_L 与理想的线性特性曲线的比。

实际输出电压 U_0 与 $\Delta R_1/R_1$ 的关系是非线性的，绝对非线性误差为：

$$\gamma_L = \frac{U_0 - U'_0}{U'_0} = \frac{U_0}{U'_0} - 1$$

$$\gamma_L = \frac{\dfrac{R_4}{R_3}\dfrac{\Delta R_1}{R_1}E}{\left(1 + \dfrac{\Delta R_1}{R_1} + \dfrac{R_2}{R_1}\right)\left(1 + \dfrac{R_4}{R_3}\right)} \Bigg/ \frac{\dfrac{R_4}{R_3}\dfrac{\Delta R_1}{R_1}E}{\left(1 + \dfrac{R_2}{R_1}\right)\left(1 + \dfrac{R_4}{R_3}\right)} - 1$$

若四等臂电桥，即 $R_1 = R_2 = R_3 = R_4$，则绝对非线性误差为：

$$\gamma_L = -\frac{\Delta R_1}{2R_1} \Bigg/ \left(1 + \frac{\Delta R_1}{2R_1}\right)$$

非线性误差不能满足测量要求时要消除。

B　减小或消除非线性误差的方法

（1）提高桥臂比。桥臂比的提高可使非线性误差减小；但电桥电压灵敏度降低。为了不降低电压灵敏度，必须适当提高供桥电压。

$$\gamma_L = \frac{-\dfrac{\Delta R_1}{R_1}}{1 + \dfrac{\Delta R_1}{R_1} + \dfrac{R_2}{R_1}}$$

（2）采用差动电桥——半桥。为了减小和克服非线性误差，常采用差动电桥。如图 3-3 所示，在试件上安装两个工作应变片，一个受拉应变，一个受压应变，接入电桥相邻桥臂代替 R_1 和 R_2（见图 3-4），这种接法称为半桥差动电路。

当电桥开路时，不平衡电桥输出的电压为：

$$U_0 = E\left(\frac{R_1 + \Delta R_1}{R_1 + \Delta R_1 + R_2 - \Delta R_2} - \frac{R_3}{R_3 + R_4}\right)$$

若 $\Delta R_1 = \Delta R_2$，$R_1 = R_2$，$R_3 = R_4$，则有：

$$U_0 = \frac{1}{2}E\frac{\Delta R_1}{R_1}$$

所以 U_0 与 $\Delta R_1/R_1$ 成线性关系，半差动电桥无非线性误差，电压灵敏度比使用单只应变片提高了一倍。

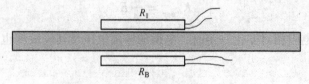

图 3-3　安装应变片

（3）采用差动电桥——全桥。电桥四臂接入四片应变片，即两个受拉应变，两个受压应变。两个应变符号相同的接入相对桥臂上，构成全桥差动电路（见图 3-5）。若满

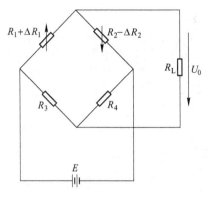

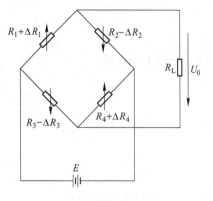

图 3-4　半桥差动电路　　　　　　　　图 3-5　全桥差动电路

足 $\Delta R_1 = \Delta R_2 = \Delta R_3 = \Delta R_4$，则输出电压为

$$U_0 = E \frac{\Delta R_1}{R_1}$$

全桥差动电桥也无非线性误差，电压敏度是使用单只应变片的 4 倍，比半桥差动提高了一倍。

任务 3.1.2　交流电桥

3.1.2.1　交流电桥平衡条件

如图 3-6 所示，交流电桥输出电压为：

$$U_{SC} = U_{SR}\left(\frac{Z_1}{Z_1 + Z_2} - \frac{Z_3}{Z_3 + Z_4}\right)$$

$$= \frac{Z_1 Z_4 - Z_2 Z_3}{(Z_1 + Z_2)(Z_3 + Z_4)}$$

桥路平衡条件为：

$$Z_1 Z_4 = Z_2 Z_3 \quad 或 \quad \frac{Z_1}{Z_2} = \frac{Z_3}{Z_4}$$

桥臂阻抗：

$$Z = \frac{1}{\dfrac{1}{R} + i\omega C}$$

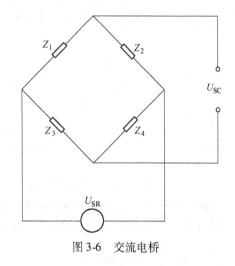

图 3-6　交流电桥

式中　R——桥臂电阻；

　　　i——虚数单位；

　　　ω——角频率；

　　　C——桥臂电容。

3.1.2.2　交流电桥的不平衡状态

当 $Z_1 = Z_2 = Z_3 = Z_4$ 时，不同电桥输出如下：

（1）单臂交流电桥。

$$U_{\mathrm{SC}} = \frac{1}{4} U_{\mathrm{SR}} \frac{\Delta Z_1}{Z_1}$$

（2）半桥差动电路。

$$U_{\mathrm{SC}} = \frac{1}{2} U_{\mathrm{SR}} \frac{\Delta Z_1}{Z_1}$$

（3）全桥差动电路。

$$U_{\mathrm{SC}} = U_{\mathrm{SR}} \frac{\Delta Z_1}{Z_1}$$

3.1.2.3　交流电桥的调平

交流电桥可用电阻调整和电容调整或阻容调整的方法调平，如图3-7所示。

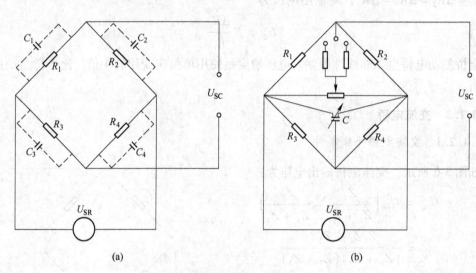

图3-7　交流电桥调平
（a）电容调整或阻容调整；（b）电阻调整

引线产生的分布电容的容抗、电源频率及应变片的性能差异，对交流电桥的初始平衡条件和输出特性都有严重影响，因此电桥要预调平衡。

任务 3.1.3　恒流源电桥

3.1.3.1　电桥输出电压与电阻变化量的关系

半导体应变电桥的非线性误差很大，故除了采用提高桥臂比、差动电桥等措施外，一般还采用恒流源（见图3-8）来减小误差。

若为高输入阻抗电路，则有：

$$I_1(R_1 + R_2) = I_2(R_3 + R_4)$$

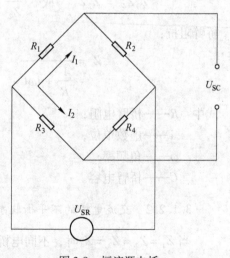

图3-8　恒流源电桥

$$I = I_1 + I_2$$

$$I_1 = \frac{R_3 + R_4}{R_1 + R_2 + R_3 + R_4} I$$

$$I_2 = \frac{R_1 + R_2}{R_1 + R_2 + R_3 + R_4} I$$

因此，输出电压：

$$U_0 = I_1 R_1 - I_2 R_3 = \frac{R_1 R_4 - R_2 R_3}{R_1 + R_2 + R_3 + R_4} I$$

电桥初始平衡且 $R_1 = R_2 = R_3 = R_4 = R$，当第一桥臂电阻 R_1 变为 $R_1 + \Delta R_1$ 时，电桥输出电压为：

$$U_0 = \frac{R \Delta R}{4R + \Delta R} I = \frac{1}{4} I \Delta R \frac{1}{1 + \frac{\Delta R}{4R}}$$

若满足 $\Delta R_1 \ll R_1$ 则

$$U_0 \approx \frac{1}{4} I \Delta R = U_0'$$

输出电压与 ΔR 成正比，与被测量成正比。

输出电压与恒流源供给的电流大小、精度有关，与温度无关。

3.1.3.2　电桥输出电压的非线性误差

采用恒流源的非线性误差为：

$$\gamma_I = \frac{U_0}{U_0'} - 1 = \frac{- \Delta R}{4R + \Delta R} = \frac{-\frac{\Delta R}{4R}}{1 + \frac{\Delta R}{4R}} \approx -\frac{\Delta R}{4R}$$

采用恒压源的非线性误差为：

$$\gamma_E = \frac{1}{1 + \frac{1}{2} \frac{\Delta R}{R}} - 1 = \frac{-\frac{1}{2} \frac{\Delta R}{R}}{1 + \frac{1}{2} \frac{\Delta R}{R}} \approx -\frac{\Delta R}{2R}$$

恒流源的非线性误差小于恒压源的非线性误差，仅为其一半。

任务 3.1.4　调零电桥电路

为了提高测量精度，传感器可采用多种补偿措施消除有关误差，如图 3-9 所示。补偿电桥 2 串接在应变片的输出 1 和测量仪表 3 之间，调节补偿电桥的电位器 W，改变输出电压 U_{02}，用 U_{02} 来抵消传感器的零点偏移输出电压 U_{01}。因此调节 W 可使传感器在空载时输出电压 U_0 为零。

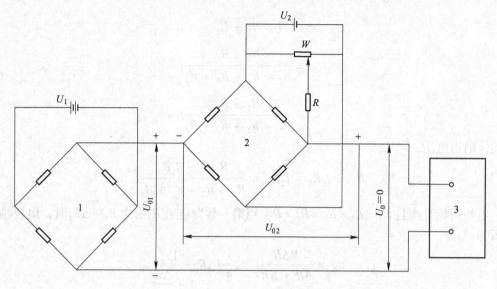

图 3-9 调零电桥电路

项目 3.2 电阻应变片的温度误差补偿

电阻应变片的温度补偿方法通常有应变片自补偿和线路补偿两大类。

任务 3.2.1 应变片补偿

（1）单丝自补偿应变片。

由于

$$\left(\frac{\Delta R}{R}\right)_t = \left(\frac{\Delta R}{R}\right)_1 + \left(\frac{\Delta R}{R}\right)_2 = \alpha_t \Delta t + K(\beta_e - \beta_g)\Delta t$$

若使应变片在温度变化 Δt 时的热输出值为零，必须使

$$\alpha_t + K(\beta_e - \beta_g) = 0 \Rightarrow \alpha_t = K(\beta_e - \beta_g)$$

当被测试件线膨胀系数 β_g 已知时，合理选择敏感栅材料的电阻温度系数 α_t、灵敏系数 K 以及线膨胀系数 β_e，可在温度变化时均有 $\Delta R_t / R_0 = 0$，从而达到温度自补偿的目的。

单丝自补偿应变片的优点是结构简单，制造和使用都比较方便，但必须在具有一定线膨胀系数材料的试件上使用，否则不能达到温度自补偿的目的。

（2）双丝组合式自补偿应变片。两种不同电阻温度系数（一种为正值，一种为负值）的应变片材料串联组成敏感栅，在一定温度范围内、在一定材料的试件上实现温度补偿，如图 3-10 所示。

这种应变片实现自补偿的条件是要求粘贴在某种试件上的两段敏感栅，随温度变化而产生的电阻增量大小相等、符号相反，即

$$\Delta R_a t = -\Delta R_b t$$

任务 3.2.2 线路补偿

（1）电路补偿法。测量应变时，使用两个应变片，一片贴在被测试件的表面，称为工作

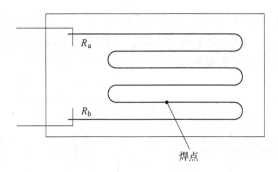

图 3-10　双丝组合式自补偿应变片

应变片 R_1；一片贴在与被测试件材料相同的补偿块上，称为补偿应变片 R_2，如图 3-11 所示。

在工作过程中，补偿块不承受应变，仅随温度发生变形。

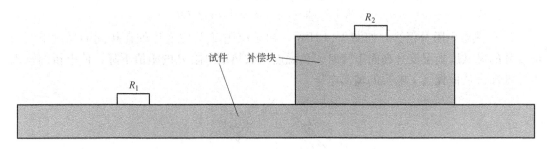

图 3-11　电路补偿法测试

当被测试件不承受应变时，如图 3-12 所示，R_1 与 R_2 接入电桥相邻臂上，R_1 和 R_2 处于同一温度场，调整电桥参数，可使电桥输出电压为零，即

$$U_0 = A(R_1 R_4 - R_2 R_3) = 0$$

式中　A——输出电压。

当温度升高或降低 Δt 时，选择 $R_1 = R_2 = R$ 及 $R_3 = R_4 = r$，若 $\Delta R_{1t} = \Delta R_{2t}$，即两个应变片的热输出相等，则电桥的输出电压为：

$$U_0 = A[(R_1 + \Delta R_{1t})R_4 - (R_2 + \Delta R_{2t})R_3] = Ar(\Delta R_{1t} - \Delta R_{2t}) = 0$$

当被测试件受应变作用时，工作片 R_1 感受应变，阻值变化 ΔR_1；而补偿片 R_2 不承受应变，阻值不变。这时电桥输出电压为：

$$U_0 = A[(R_1 + \Delta R_{1t} + \Delta R_1)R_4 - (R_2 + \Delta R_{2t})R_3]$$
$$= Ar\Delta R_1 = ArRK\varepsilon$$

电桥输出电压 U_0，只与应变 ε 有关，与温度无关。

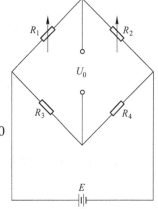

图 3-12　桥路补偿法

电路补偿法的优点是简单易行，可在较大温度范围内补偿；缺点是条件不易满足，尤其在温度场梯度大的测试条件下很难处于相同温度点。

根据被测试件承受应变的情况，有时也可不另加专门的补偿块，补偿片直接贴在被测试件上。这样既能起到温度补偿作用，又能提高输出的灵敏度。

梁受弯曲应变时，应变片 R_1 和 R_2 的变形方向相反，上面受拉，下面受压，如图 3-13 （a）所示，应变绝对值相等，符号相反，可使输出电压增加一倍。当温度变化时，两应变片阻值变化的符号相同，大小相等，电桥不产生输出，达到了补偿的目的。

如图 3-13（b）所示，构件受单向应力时，工作片 R_2 的轴线顺着应变方向，补偿片 R_1 的轴线和应变方向垂直，也可实现补偿。

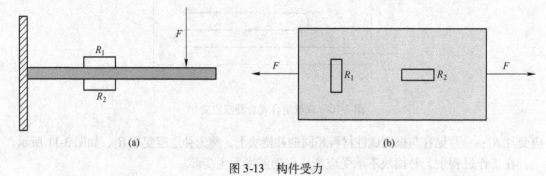

(a) 　　　　　　　　　　　　　　(b)

图 3-13　构件受力

（a）构件受弯曲应力；（b）构件受单向应力

（2）热敏电阻补偿法。如图 3-14 所示，热敏电阻 R_t 与应变片处在相同的温度下，当应变片的灵敏度随温度升高而下降时，负温度系数热敏电阻 R_t 的阻值下降，使电桥的输入电压增加，从而提高了电桥的输出电压。

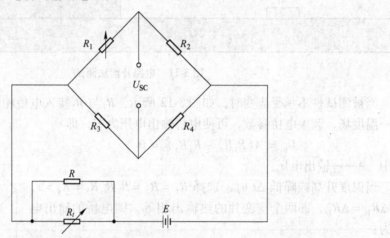

图 3-14　热敏电阻补偿法

选择分流电阻 R 的值，可使应变片灵敏度下降对电桥输出的影响得到很好的补偿。

习　　题

3-1　电桥电路如何分类？

3-2　简述电阻应变片的温度误差补偿？

3-3　交流电桥的平衡条件是什么？

单元 4　热工测量技术

热工测量就是在火力发电厂热力生产过程中对各种热工参数（如温度、压力、流量、液位等）进行的测量方法和过程。热工测量仪表是指用来测量热工参数的仪表。它由传感器、变换器、显示器三大部分组成。传感器是指将被测量的某种物理量按照一定的规律转换成能够被仪表检测出来的物理量的一类测量设备。也称感受件、一次仪表；变换器的作用是将传感器输出的信号传送给显示器，也称连接件、中间件；显示器的作用是反映被测参数在数量上的变化，也称显示件、二次仪表。

项目 4.1　温度的测量

任务 4.1.1　测温仪表的分类

按测量方式，测温仪表可分为接触式测温和非接触式测温两大类。接触式测温是基于热平衡原理，测温敏感元件必须与被测介质接触，二者处于同一热平衡状态，具有同一温度。这类仪表一般有热电偶、热电阻、双金属温度计等。非接触式测温其测量敏感元件不与被测介质接触，它是利用物质的热辐射原理，通过接受被测物体发出的辐射能量来进行测温。这类仪表一般有辐射温度计、远红外测温仪等。具体分类如下：

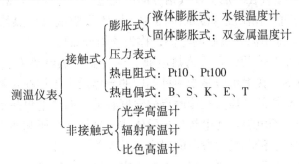

由于电子器件的发展，便携式数字温度计已逐渐得到应用。它配有各种样式的热电偶和热电阻探头，使用比较方便灵活。便携式红外辐射温度计的发展也很迅速，装有微处理器的便携式红外辐射温度计具有存储计算功能，能显示一个被测表面的多处温度或一个点温度的多次测量的平均温度、最高温度和最低温度等。

此外，现代还研制出多种其他类型的温度测量仪表，如用晶体管测温元件和光导纤维测温元件构成的仪表；采用热像扫描方式的热像仪，可直接显示和拍摄被测物体温度场的热像图，可用于检查大型炉体、发动机等的表面温度分布，对于节能非常有益；另外还有利用激光测量物体温度分布的温度测量仪器等。

任务 4.1.2　热电偶温度仪表

在工业生产过程中的温度检测，热电偶是主要的测温元件。

4.1.2.1　热电偶测温原理

热电偶温度计是利用热电效应来测量温度的。热电效应是指两种不同材料的导体组成一个回路时，如果两端结点温度不同，则回路中就将产生一定大小的电流，这个电流的大小与导体材料以及结点温度有关。两个结点一个为 T 端（测量端），一个为 T_0 端（参比端）。在实际测量中，热电偶产生的毫伏信号要用较精密的毫伏表或 I/O 卡件测量。

热电偶工作原理如图 4-1 所示。

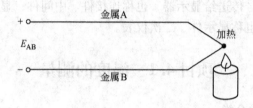

图 4-1　热电偶原理简图

这种由于温度不同而产生电动势的现象称为塞贝克效应，与塞贝克有关的效应有两个：

（1）当有电流流过两个不同导体的连接处时，此处便吸收或放出热量（取决于电流的方向），即不同材料结合在一起，在其结合面产生电势，称为珀耳帖效应。

（2）当有电流流过存在温度梯度的导体时，导体吸收或放出热量（取决于电流相对于温度梯度的方向），即由温差引起的电势，称为汤姆逊效应。

两种不同导体或半导体的组合称为热电偶。热电偶的热电势 E_{AB}（T，T_0）是由接触电势和温差电势合成的。接触电势是指两种不同的导体或半导体在接触处产生的电势。此电势与两种导体或半导体的性质及在接触点的温度有关。温差电势是指同一导体或半导体在温度不同的两端产生的电势。此电势只与导体或半导体的性质和两端的温度有关，而与导体的长度、截面大小、沿其长度方向的温度分布无关。

无论是接触电势还是温差电势，都是由于集中于接触处端点的电子数不同而产生的电势，热电偶测量的热电势是二者的合成。当回路断开时，在断开处便有一电动势差 ΔV，其极性和大小与回路中的热电势一致，并规定在冷端，当电流由 A 流向 B 时，称 A 为正极，B 为负极。

当组成热电偶的导体材料均匀时，其热电势的大小与导体本身的长度和直径大小无关，只与导体材料的成分及两端的温度有关。因此，用各种不同的导体或半导体可做成各种用途的热电偶，以满足不同温度对象测量的需要。

4.1.2.2　热电偶三大定律

（1）均质导体定律，见表 4-1。

表 4-1　均质导体定律

由单一均质金属所形成的封闭回路，沿回路上每一点即使改变温度也不会有电流产生，亦即，$E=0$	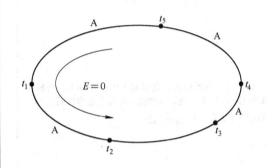
由两种均质金属材料 A 与 B 所形成的热电偶回路中，热电势 E 与接点处温度 t_1、t_2 的相关函数关系，不受 A 与 B 中间温度 t_3 与 t_4 的影响	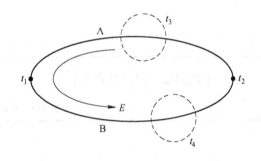

（2）中间金属定律，见表 4-2。

表 4-2　中间金属定律

在 A 与 B 所形成的热电偶回路两接合点以外的任意点插入均质的金属 C，C 两端接合点的温度 t_3 若为相同的话，E 不受 C 插入的影响	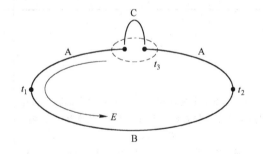
在 A 与 B 所形成的热电偶回路，将 A 与 B 的接合点打开并插入均质的金属 C 时，A 与 C 接合点的温度与打开前接合点的温度相等的话，E 不受 C 插入的影响	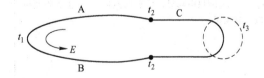

对 A 与 B 所形成的热电偶插入中间金属 C，形成由 A 与 C、C 与 B 的两组热电偶，接合点温度保持 t_1 与 t_2 的情况下，$E_{AC} + E_{CB} = E_{AB}$

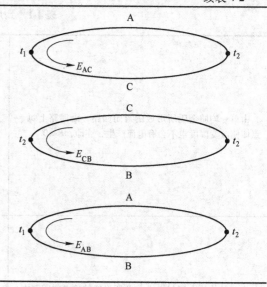

（3）中间温度定律，见表 4-3。

表 4-3　中间温度定律

任意数的异种金属 A，B，C，…，G 形成封闭回路，封闭回路整体或是全部的接合点保持相等温度时，此回路的 $E = 0$

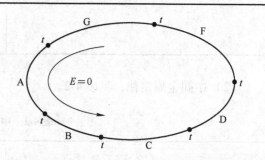

对 A 与 B 所形成的热电偶，设两接合点的温度为 t_1 与 t_2 时的热电势为 E_{12}，t_2 与 t_3 时的热电势为 E_{13}，则
$$E_{12} + E_{23} = E_{13}$$
此时，称 t_2 为中间温度；以中间温度 t_2 选择如 0℃ 这样的标准温度，求得相对 0℃ 任意的温度 t_1，t_2，t_3，…，t_n 的热电动势，任意两点间之热电动势便可以计算求得

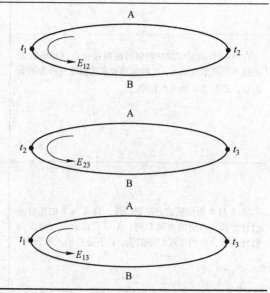

对于使用补偿导线的热电偶回路适用以上观念；设 A 与 B 为热电偶，C 与 D 为 A、B 所用的补偿导线，M 为数字电压计，计算后可得下面关系式：

$$E = E_{AB}(t_1) - E_{AB}(t_3)$$

也就是说，M 所测定的电位差是由 t_1、t_3 所决定，不受 t_2 的影响

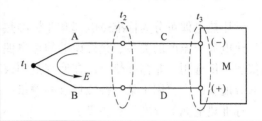

4.1.2.3　热电偶的结构

热电偶是由两根不同导体（或称电极）构成的。这两根导体一端焊接在一起，称为热端（或称工作端），测温时将此端处于被测介质中，另一端称为冷端（或自由端），接入二次仪表（显示仪表）或电测设备，如图 4-2 所示。

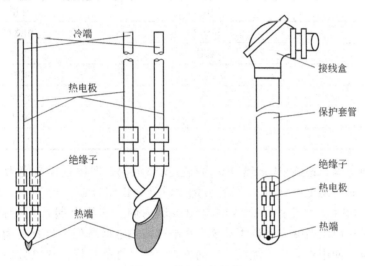

图 4-2　热电偶的结构

热电偶的结构有普通型和铠装型两种。

（1）普通型热电偶：是应用最多的热电偶，主要用来测量气体、蒸汽和液体等介质的温度。根据测温范围及环境的不同，所用的热电偶电极和保护套管的材料也不同，但因使用条件基本类似，所以这类热电偶已标准化、系列化。普通型热电偶按其安装时的连接方法可分为螺纹连接合法兰连接两种。

（2）铠装热电偶：又称缆式热电偶，是由热电极（多数采用的是铂丝，也有用镍丝的）、绝缘材料（通常为氧化镁粉末）和金属保护管三者结合，经拉制而成一个坚实的整体。铠装热电偶有单支（双芯）和双支（四芯）之分，其测量端有露头型、接壳型和绝缘型三种基本形式，参比端（接线盒）有简易式、防水式、防溅式、接插和小接线盒式等形式。其外形尺寸有 ϕ5mm、ϕ6mm、ϕ8mm 多种，长度为 10 ~ 1000mm。

铠装热电偶具有体积小、精度高、反应迅速、耐振动、耐冲击、机械强度高、可绕性好、寿命长、便于安装等优点。

4.1.2.4　常用热电偶种类

常用热电偶可分为标准热电偶和非标准热电偶两大类。标准热电偶是指国家标准规定了其热电势与温度的关系、允许误差的热电偶，它有统一的标准分度表，有与其配套的显示仪表可供选用。非标准热电偶在使用范围或数量级上均不及标准热电偶，一般也没有统一的分度表，主要用于某些特殊场合的测量。

标准热电偶的分度号有主要 S、R、B、N、K、E、J、T 等几种，见表4-4。其中 S、R、B 属于贵金属热电偶，N、K、E、J、T 属于廉金属热电偶。

表4-4　常见标准热电偶

热电偶分度号	热 电 极 材 料	
	正　极	负　极
S	铂铑 10	纯铂
R	铂铑 13	纯铂
B	铂铑 30	铂铑 6
K	镍铬	镍硅
T	纯铜	铜镍
J	铁	铜镍
N	镍铬硅	镍硅
E	镍铬	铜镍

（1）S 型热电偶。铂铑 10-铂热电偶为贵金属热电偶。偶丝直径规定为 0.5mm，允许偏差为 -0.015mm。其正极（SP）的名义化学成分为铂铑合金，其中含铑为 10%、含铂为 90%，负极（SN）为纯铂，故俗称单铂铑热电偶。该热电偶长期最高使用温度为 1300℃，短期最高使用温度为 1600℃。S 型热电偶在热电偶系列中具有准确度高、稳定性好、测温温区宽、使用寿命长等优点。它的物理、化学性能良好，热电势稳定性及在高温下抗氧化性能好，适用于氧化性和惰性气氛中。因此符合国际使用温标的 S 型热电偶，长期以来曾作为国际温标的内插仪器。ITS—1990 虽规定今后不再作为国际温标的内查仪器，但国际温度咨询委员会（CCT）认为 S 型热电偶仍可用于近似实现国际温标。S 型热电偶不足之处是热电势、热电势率较小，灵敏度低，高温下机械强度下降，对污染非常敏感，贵金属材料昂贵，因而一次性投资较大。

（2）R 型热电偶。铂铑 13-铂热电偶为贵金属热电偶。偶丝直径规定为 0.5mm，允许偏差为 -0.015mm。其正极（RP）的名义化学成分为铂铑合金，其中含铑为 13%、含铂为 87%，负极（RN）为纯铂，长期最高使用温度为 1300℃，短期最高使用温度为 1600℃。R 型热电偶在热电偶系列中具有准确度高、稳定性好、测温温区宽、使用寿命长等优点。其物理、化学性能良好，热电势稳定性及在高温下抗氧化性能好，适用于氧化性和惰性气氛中。由于 R 型热电偶的综合性能与 S 型热电偶相当，在我国一直难以推广，除在进口设备上的测温有所应用外，国内测温很少采用。R 型热电偶不足之处是热电势、热电势率较小，灵敏度低，高温下机械强度下降，对污染非常敏感，贵金属材料昂贵，因而一次性投资较大。

（3）B 型热电偶。铂铑 30-铂铑 6 热电偶为贵金属热电偶。偶丝直径规定为 0.5mm，允许偏差为 - 0.015mm。其正极（BP）的名义化学成分为铂铑合金，其中含铑为 30%、含铂为 70%，负极（BN）为铂铑合金，含铑为量 6%，故俗称双铂铑热电偶。该热电偶长期最高使用温度为 1600℃，短期最高使用温度为 1800℃。B 型热电偶在热电偶系列中具有准确度高、稳定性好、测温温区宽、使用寿命长、测温上限高等优点。它适用于氧化性和惰性气氛中，也可短期用于真空中，但不适用于还原性气氛或含有金属或非金属蒸气气氛中。B 型热电偶一个明显的优点是不需用补偿导线进行补偿，因为在 0 ~ 50℃ 范围内热电势小于 3μV。B 型热电偶不足之处是热电势、热电势率较小，灵敏度低，高温下机械强度下降，对污染非常敏感，贵金属材料昂贵，因而一次性投资较大。

（4）K 型热电偶。镍铬-镍硅热电偶是目前用量最大的廉金属热电偶，其用量为其他热电偶的总和。正极（KP）的名义化学成分为：$w(Ni)$: $w(Cr)$ = 90:10，负极（KN）的名义化学成分为：$w(Ni)$: $w(Si)$ = 97:3，其使用温度为 - 200 ~ 1300℃。K 型热电偶具有线性度好、热电动势较大、灵敏度高、稳定性和均匀性较好、抗氧化性能强、价格便宜等优点，能用于氧化性惰性气氛中，广泛为用户所采用。K 型热电偶不能直接在高温下用于硫、还原性或还原-氧化交替的气氛中和真空中，也不推荐用于弱氧化气氛中。

（5）N 型热电偶。镍铬硅-镍硅热电偶为廉金属热电偶，是一种最新国际标准化的热电偶，是在 20 世纪 70 年代初由澳大利亚国防部实验室研制成功的。它克服了 K 型热电偶的两个重要缺点：K 型热电偶在 300 ~ 500℃ 间由于镍铬合金的晶格短程有序而引起的热电动势不稳定；在 800℃ 左右由于镍铬合金发生择优氧化引起的热电动势不稳定。N 型热电偶正极（NP）的名义化学成分为：$w(Ni)$: $w(Cr)$: $w(Si)$ = 84.4:14.2:1.4，负极（NN）的名义化学成分为：$w(Ni)$: $w(Si)$: $w(Mg)$ = 95.5:4.4:0.1，其使用温度为 - 200 ~ 1300℃。N 型热电偶具有线性度好、热电动势较大、灵敏度较高、稳定性和均匀性较好、抗氧化性能强、价格便宜、不受短程有序化影响等优点，其综合性能优于 K 型热电偶，是一种很有发展前途的热电偶。N 型热电偶不能直接在高温下用于硫、还原性或还原-氧化交替的气氛中和真空中，也不推荐用于弱氧化气氛中。

（6）E 型热电偶。镍铬-铜镍热电偶又称镍铬-康铜热电偶，也是一种廉金属的热电偶。其正极（EP）为镍铬 10 合金，化学成分与 KP 相同；负极（EN）为铜镍合金，名义化学成分为 55% 的铜、45% 的镍以及少量的锰、钴、铁等元素。该热电偶的使用温度为 - 200 ~ 900℃。E 型热电偶热电动势之大、灵敏度之高属所有热电偶之最，宜制成热电堆，测量微小的温度变化。对于高湿度气氛的腐蚀不甚灵敏，宜用于湿度较高的环境。E 热电偶还具有稳定性好、抗氧化性能优于铜-康铜和铁-康铜热电偶、价格便宜等优点，能用于氧化性和惰性气氛中，广泛为用户采用。E 型热电偶不能直接在高温下用于硫、还原性气氛中，热电势均匀性较差。

（7）J 型热电偶。铁-铜镍热电偶又称铁-康铜热电偶，也是一种价格低廉的廉金属的热电偶。它的正极（JP）的名义化学成分为纯铁，负极（JN）为铜镍合金，常被含糊地称之为康铜。其名义化学成分为：55% 的铜和 45% 的镍以及少量却十分重要的锰、钴、铁等元素。尽管它叫康铜，但不同于镍铬-康铜和铜-康铜的康铜，故不能用 EN 和 TN 来替换。铁-康铜热电偶的覆盖测量温区为 - 200 ~ 1200℃，但通常使用的温度范围为 0 ~ 750℃。J 型热电偶具有线性度好、热电动势较大、灵敏度较高、稳定性和均匀性较好、价格便宜等优点，广为用户所采用。J 型热电偶可用于真空、氧化、还原和惰性气氛中，但正极铁在高温下氧化较快，故使用温度受到限制，也不能直接无保护地在高温下用于硫化气氛中。

（8）T 型热电偶。铜-铜镍热电偶又称铜-康铜热电偶，也是一种最佳的测量低温的廉金属的热电偶。它的正极（TP）是纯铜，负极（TN）为铜镍合金，常之为康铜，它与镍铬-康铜的康铜 EN 通用，与铁-康铜的康铜 JN 不能通用。尽管它们都叫康铜，却不能通用。铜-铜镍热电偶的盖测量温区为 –200～350℃。T 型热电偶具有线性度好、热电动势较大、灵敏度较高、稳定性和均匀性较好、价格便宜等优点，特别在 –200～0℃ 温区内使用，稳定性更好，年稳定性可小于 ±3μV，经低温检定可作为二等标准进行低温量值传递。T 型热电偶的正极铜在高温下抗氧化性能差，故使用温度上限受到限制。

4.1.2.5　热电偶参考端的温度处理

用热电偶测温时，热电势的大小决定于热端温度及冷端温度之差。如果冷端温度固定不变，则热电势决定于热端温度；若冷端温度是变化的，这将会引起测量误差。为此，需要采用一些措施来消除冷端温度变化所产生的影响。

（1）冷端温度法（零度恒温法）。把冰屑与干净水相混合，放在保温瓶内，然后把热电偶的参比端（冷端）置于冰水混合物容器里，使 $t_0 = 0℃$，这种办法仅限于科学实验中使用。在现场，参考端 T_0 通常在室温下或波动温区里，因此必须对参考端作修正或补偿处理。为了避免冰水导电引起两个连接点短路，必须把连接点分别置于两个玻璃试管里，浸入同一冰点槽，使相互绝缘，如图 4-3 所示。

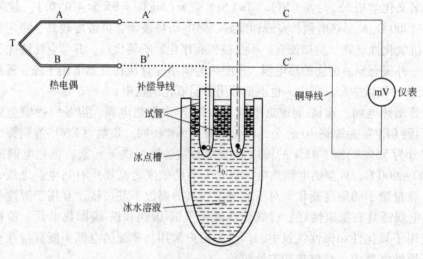

图 4-3　冷端温度法

（2）冷端温度计算修正法（热电势修正法）。以中间温度定律进行修正。在实际操作时，使冷端保持在 0℃ 很不方便，通常可以把冷端保持在一个恒定值，采用修正的方法，解决冷端问题。

当冷端不为 0℃ 时，根据下式查分度表。

$$E_{AB}(t_1, t_0) = E_{AB}(t_1, t_n) + E_{AB}(t_n, t_0)$$

【**例 4-1**】 有 K 型热电偶，工作时自由端 t_0 为 30℃，今测得热电势为 38.560mV，求工作端的温度。

解：

$$E_{AB}(t_1, t_0) = 38.560 \text{mV}$$

查表得：

$$E_{AB}(t_0, 0) = 1.203 \text{mV}$$

$$E_{AB}(t_1, 0) = 38.560 + 1.203 = 39.760 \text{mV}$$

查表得：

$$t_1 \approx 962℃$$

任务 4.1.3 热电阻温度仪表

前面讨论的热电偶测温，适用于高于 500℃ 的测温范围。对于 500℃ 以下的中、低温，使用热电偶测量就不一定恰当。首先，在中、低区热电偶输出的热电势小，要求测量电路的抗干扰能力高，否则难以进行准确测量；其次，在较低的温度区域，因一般补偿方法不易得到很好补偿，因此，冷端温度的变化和环境温度变化所引起的相对测量误差就显得特别突出。所以，在中、低温区，一般使用另一种测温元件——热电阻来进行测量。

热电阻温度计是利用导体或半导体的电阻随温度变化这一特性来测量的。热电阻温度计的主要优点有：测量精度高，复现性好；有较大的测量范围，尤其是在低温方面；易于使用在自动测量中，也便于远距离测量。同样，热电阻也有缺陷：在高温（大于 850℃）测量中准确性不好；易于氧化和不耐腐蚀。

目前，用于热电阻的材料主要有铂、铜、镍等，采用这些材料主要是它们在常用温度段的温度与电阻的比值是线性关系。这里主要介绍铂电阻温度计。

铂是一种贵金属，它的物理化学性能很稳定，尤其是耐氧化能力很强，易提纯，有良好的工艺性，可以制成极细的铂丝，与铜，镍等金属相比，有较高的电阻率，复现性高，是一种比较理想的热电阻材料。其缺点是电阻温度系数较小，在还原介质中工作易变脆，价格也较贵。铂的纯度通常用百度电阻比来表示：

$$W(100) = R_{100} / R_0$$

式中 R_{100}——100℃ 时的电阻值；

R_0——0℃ 时的电阻值。

根据 IEC 标准，采用 $W(100) = 1.3850$。初始电阻值为 $R_0 = 100\Omega$（$R_0 = 10\Omega$）的铂电阻为工业用标准铂电阻。$R_0 = 10\Omega$ 的铂电阻温度计的阻丝较粗，主要应用于测量 600℃ 以上的温度。铂电阻的电阻与温度方程为一分段方程：

t 为 −200 ~ 0℃ 时： $R_t = R_0 \left[1 + At + Bt_2 + C(t - 100℃) t_3 \right]$

t 为 0 ~ 850℃ 时： $R_t = R_0 (1 + At + Bt_2)$

解此方程，则可根据电阻值求得温度值。但实际工作中，我们可以根据电阻值来查热电阻分度表确定温度值。

根据标准规定，铂热电阻分为 A 级和 B 级，A 级测温允许误差为 ±（0.15℃ + 0.002 |t|），B 级测温允许误差为 ±（0.3℃ + 0.005 |t|）。

现场使用的热电阻一般都是铠装热电阻。它是由热电阻体、绝缘材料、保护管组成，热电阻体和保护管焊接一起，中间填充绝缘材料，这样能够很好地保护热电阻体，耐冲击，耐振，耐腐蚀。

项目 4.2　流体压力和流量的测量

任务 4.2.1　流体压力的测量

压力是工业生产过程中重要的工艺参数之一，许多生产工艺过程经常要求在一定的压力或一定的压力范围内进行，这就需要测量或控制压力，以保证工艺过程的正常进行。压力检测或控制可以防止生产设备因过压而引起破坏或爆炸，这是安全必需的。通过测量压力或压差可间接测量其他物理量，如温度、液位、流量、密度与成分等。

应用流体静力学原理的压强计有 U 型管压力计、倒置 U 型管压力计和微差压力计。

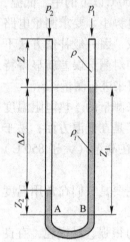

（1）U 型管压力计。如图 4-4 所示，指示剂与所测流体不互溶，且 $\rho_i > \rho$，选取等压面 A、B：

$$p_A = p_2 + \rho g Z + \rho g \Delta Z + \rho_i g Z_2$$
$$p_B = p_1 + \rho g Z + \rho_i g (\Delta Z + Z_2)$$

因为
$$p_A = p_B$$

所以
$$\Delta p = p_2 - p_1 = (\rho_i - \rho) g \Delta Z$$

当测量系统某一点的压强时，U 型管压强计一端连通大气，一端接测压点，测得的是表压或真空度。

（2）倒置 U 型管压力计。如图 4-5 所示，以被测液体作为指示液，液体的上方充满空气，空气的进出可通过顶端的旋塞来调节。

（3）微差压力计。如图 4-6 所示，对两种密度不同且不互溶

图 4-4　U 型管压力计

而有明显界面的指示液，有：

$$\Delta p = p_2 - p_1 = (\rho_i - \rho_i') g \Delta Z$$

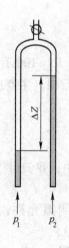

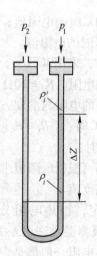

图 4-5　倒置 U 型管压力计　　　　　　图 4-6　微差压力计

两种指示液的密度相差越小，测量的灵敏度越高。

任务 4.2.2　流体流量测量

流体流量的测量仪器有孔板流量计和转子流量计。

（1）孔板流量计。孔板流量计的工作原理（见图 4-7）是：根据流体动力学原理（伯努利方程），流体通过孔口时，因截面积骤然缩小，流体流速随之增大；因流体动压头增大，其静压头骤然缩小。利用 U 型管压力计测出孔板前后的压强差。

$$Z + \frac{v^2}{2g} + \frac{p}{\rho g} = Z_0 + \frac{v_0^2}{2g} + \frac{p_0}{\rho g}$$

$$\sqrt{v_0^2 - v^2} = \sqrt{2g\left(\frac{p}{\rho g} - \frac{p_0}{\rho g}\right)}$$

$$p - p_0 = (\rho_i - \rho)g\Delta Z$$

$$v = v_0 \frac{S_0}{S}$$

$$v_0 = \sqrt{\frac{2g(\rho_i - \rho)\Delta Z}{\rho\left[1 - (S_0/S)^2\right]}}$$

$$v_0 = c_0 \sqrt{\frac{2g(\rho_i - \rho)\Delta Z}{\rho}}$$

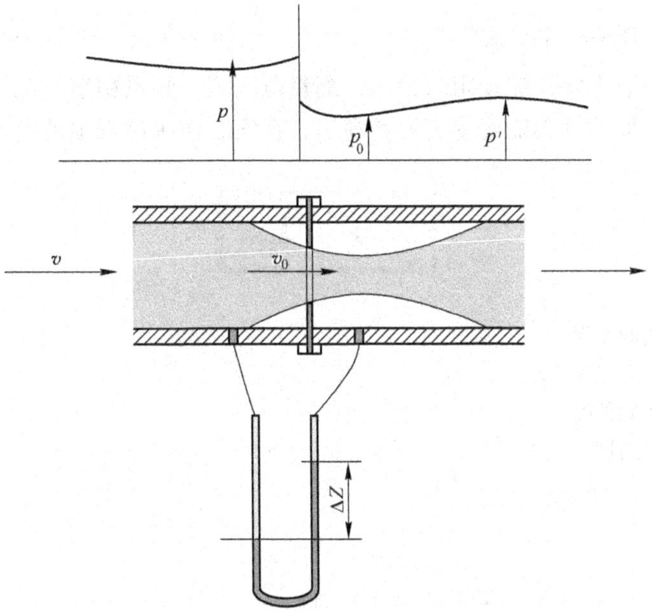

图 4-7　孔板流量计工作原理图

实际流体流动的阻力损失、孔板处突然收缩造成的扰动以及孔板与导管间装配可能有误差，这些影响因素归纳为孔板流量系数——c_0（一般为 0.61 ~ 0.63）。

注意，孔板流量计有相当大的压头损失。

（2）转子流量计（见图 4-8）。

净压力差 = 转子重力 - 流体的浮力

$$\Delta p S_R = V_R \rho_R g - V_R \rho g$$

用于液体的转子流量计按规定是用 20℃ 的水标定的；用于测量气体的转子流量计则是用 20℃、101.3kPa 的空气标定的。当用于测量其他流体的流量时，要加以换算。

转子流量计必须垂直安装在管路上，为便于检修，应设置如图 4-9 所示的支路。

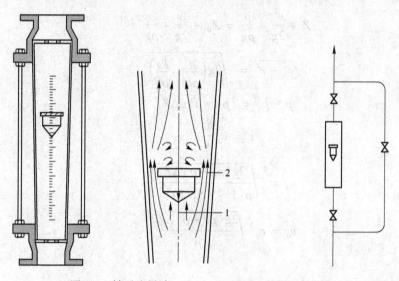

图 4-8　转子流量计　　　　　　　图 4-9　转子流量计管路支路图

转子流量计读数方便，流动阻力很小，测量范围宽，测量精度较高，对不同的流体适用性广。其缺点是玻璃管不能经受高温和高压，在安装使用过程中玻璃容易破碎。

习　题

4-1　简述热电偶测温的原理。

4-2　简述热电偶的三大定律。

4-3　简述常用热电偶的种类。

4-4　简述流体压力的测量。

单元5 热分析技术

热分析法是所有在高温过程中测量物质热性能技术的总称，它是在程序控制温度下，测量物质的物理性质与温度的关系。这里"程序控制温度"是指线性升温、线性降温、恒温等；"物质"可指试样本身，也可指试样的反应产物；"物理性质"可指物质的质量、温度、热量、尺寸、机械特征、声学特征、光学特征、电学特征及磁学特征的任何一种。

项目 5.1 差热分析

任务 5.1.1 差热分析的基本原理

差热分析（DTA）是在程序控制温度下测量试样和参比物之间的温度差和温度关系的一种技术。

5.1.1.1 差热分析仪及其测量曲线的形成

差热分析仪由加热炉、样品支持器、温差热电偶、程序温度控制单元和记录仪组成。试样和参比物在加热炉中处于相等温度条件下，温差热电偶的两个热端，其一端与试样容器相连，另一端与参比物容器相连，温差热电偶的冷端与记录仪表相连。

对比试样的加热曲线与差热曲线（见图 5-1）可知：当试样在加热过程中有热效应变化时，则相应差热曲线上就形成了一个峰谷。

不同的物质由于它们的结构、成分、相态都不一样，在加热过程中发生物理、化学变化的温度高低和热焓变化的大小均不相同，因而在差热曲线上峰谷的数目、温度、形状和大小均不相同，这就是应用差热分析进行物相定性、定量分析的依据。

5.1.1.2 差热分析的基本理论

$$\Delta H = KS$$

差热曲线的峰谷面积 S 和反应热效应 ΔH 成正比，反应热效应越大，峰谷面积越大。具有相同热效应的反应，传热系数 K 越小，峰谷面积越大，灵敏度越高。

任务 5.1.2 差热分析曲线

5.1.2.1 DTA 曲线的特征

DTA 曲线是将试样和参比物置于同一环境中以一定速率加热或冷却，将两者的温度差对时间或温度作记录而得到的。DTA 曲线的实验数据是这样表示的，纵坐标代表温度差 Δt，吸热过程是一个向下的峰，放热过程是一个向上的峰；横坐标代表时间或温度，如图 5-2 所示。

（1）基线：DTA 曲线上 Δt 近似等于 0 的区段。

（2）峰：DTA 曲线离开基线又回到基线的部分，包括放热峰和吸热峰。

（3）峰宽：DTA 曲线偏离基线又返回基线两点间的距离或温度间距。

（4）峰高：表示试样和参比物之间的最大温度差。

（5）峰面积：指峰和内插基线之间所包围的面积。

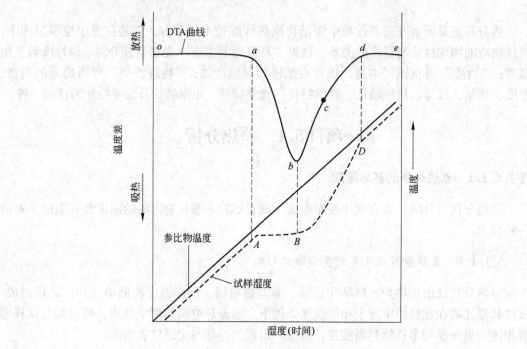

图 5-1　DTA 和温度曲线

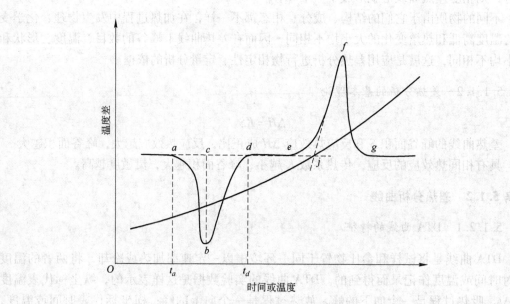

图 5-2　DTA 曲线的形态特征

5.1.2.2 DTA 曲线的影响因素

差热分析是一种热动态技术，在测试过程中体系的温度不断变化，引起物质热性能变化，因此，许多因素都可影响 DTA 曲线的基线、峰形和温度。归纳起来，影响 DTA 曲线的主要因素有下列几方面：

（1）仪器方面的因素，包括加热炉的形状和尺寸、坩埚材料及大小、热电偶的位置等。

（2）试样因素，包括试样的热容量、热导率和试样的纯度、结晶度或离子取代以及试样的颗粒度、用量及装填密度等。

（3）实验条件，包括加热速度、气氛、压力和量程以及纸速等。

5.1.2.3 差热曲线的解析

利用 DTA 来研究物质的变化，首先要对 DTA 曲线上每一个峰谷进行解释，即根据物质在加热过程中所产生峰谷的吸热、放热性质，出峰温度和峰谷形态来分析峰谷产生的原因。复杂的矿物通常具有比较复杂的 DTA 曲线，有时也许不能对所有峰谷作出合理的解释。但每一种化合物的 DTA 曲线却像"指纹"一样表征该化合物的特性。在进行较复杂试样的 DTA 分析时只要结合试样来源，考虑影响 DTA 曲线形态的因素，对比每一种物质的 DTA "指纹"，峰谷的原因就不难解释。

（1）矿物的脱水。几乎所有矿物都有脱水现象。脱水时产生吸热效应，在 DTA 曲线上表现为吸热峰，在 1000℃ 以内都可能出现。脱水温度及峰谷形态随水的类型、水的多少和物质的结构而异。

普通吸附水的脱水温度为 100～110℃。

存在于层状硅酸盐结构层中的层间水或胶体矿物中的胶体水在 400℃ 以内脱出，但多数在 200～300℃ 以内脱出，只有架状结构中的水才在 400℃ 左右大量脱出。

存在于矿物晶格中的结晶水温度可以很低，但在 500℃ 以内都存在，其特点是分阶段脱水，DTA 曲线上有明显的阶段脱水峰。

结构水一般在 450℃ 以上才能脱出。

（2）矿物分解放出气体——吸热。

（3）氧化反应——放热。

（4）非晶态物质转变为晶态物质——放热。

（5）晶型转变。由低温变体向高温变体转变为吸热过程，非平衡态晶体的转变为放热过程，这就是峰谷的产生原因。

5.1.2.4 差热分析的应用

（1）胶凝材料水化过程的研究。

（2）高温材料的研究。

（3）类质同象矿物的研究。

项目 5.2　差示扫描量热分析

差示扫描量热分析（DSC）是在程序控制温度下，测量输给试样和参比物的能量差随温度或时间变化的一种技术。

任务 5.2.1　差示扫描量热分析和差热分析的比较

在 DTA 中试样发生热效应时，试样的实际温度已不是程序升温所控制的温度（如在升温时试样由于吸热而一度停止升温），试样本身在发生热效应时的升温速度是非线性的。而且在发生热效应时，试样与参比物及试样周围的环境有了较大的温差，它们之间会进行热传递，降低了热效应测量的灵敏度和精确度。

DSC 克服了 DTA 的这个缺点，试样的吸、放热量能及时得到应有的补偿，同时试样与参比物之间的温度始终保持相同，无温差、无热传递，使热损失少，检测信号大。故 DSC 在检测灵敏度和检测精确度上都要优于 DTA。

DSC 的另一个突出的特点是 DSC 曲线离开基线的位移代表试样吸热或放热的速度，是以 mJ/s 为单位来记录的，DSC 曲线所包围的面积是 H 的直接度量。

任务 5.2.2　差示扫描量热分析的原理

按测量方式分，差示扫描量热分析可分为功率补偿型差示扫描量热法和热流型差示扫描量热法。

（1）功率补偿型差示扫描量热法。采用零点平衡原理，试样和参比物具有独立的加热器和传感器（见图 5-3a），即在试样和参比物容器下各装有一组补偿加热丝。

整个仪器由两个控制系统进行监控（见图 5-3b），其中一个控制温度，使试样和参比物在预定速率下升温或降温，另一个控制系统用于补偿试样和参比物之间所产生的温差，即当试样由于热反应而出现温差时，通过补偿控制系统使流入补偿热丝的电流发生变化。例如，试样吸热时补偿系统流入试样侧热丝的电流增大，试样放热时补偿系统流入参比物侧热丝的电流增大，直至试样和参比物二者的热量平衡，温差消失。

（2）热流型差示扫描量热法。热流式（见图 5-4）和热通量式（见图 5-5）都是采用 DTA 原理的量热法。

任务 5.2.3　差示扫描量热曲线

DSC 曲线是在差示扫描量热测量中记录的以热流率为纵坐标，以温度或时间为横坐标的关系曲线。与差热分析一样，它也是基于物质在加热过程中物理、化学变化的同时伴随有吸热、放热现象出现。因此 DSC 曲线的外貌与 DTA 曲线完全一样。

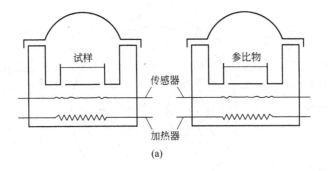

(a)

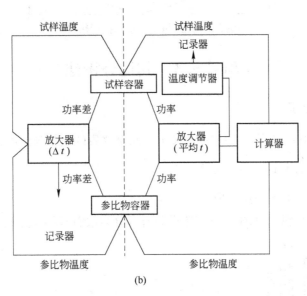

(b)

图 5-3　功率补偿型 DSC

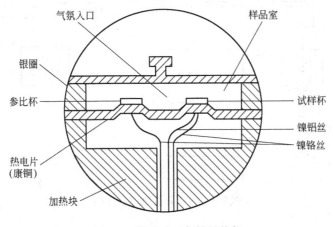

图 5-4　热流式示扫描量热仪

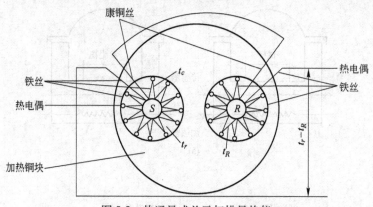

图 5-5 热通量式差示扫描量热仪

项目 5.3 其他分析法

任务 5.3.1 热重分析

热重分析法（TG）是在程序控制温度下，测量物质的质量与温度关系的一种方法。

5.3.1.1 热重分析的组成与分类

（1）组成：精密天平和加热炉。

（2）分类：按原理（见图 5-6），热重分析可分为偏斜式和零点式。

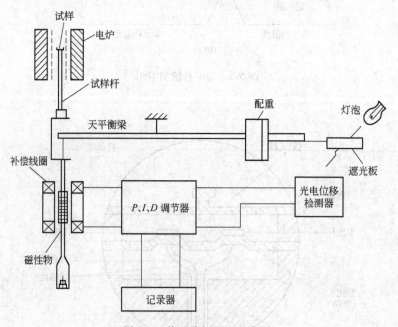

图 5-6 热重分析原理示意图

5.3.1.2 热重曲线和微商热重曲线

热重曲线如图 5-7 所示，微商热重曲线（DTG）如图 5-8 所示。

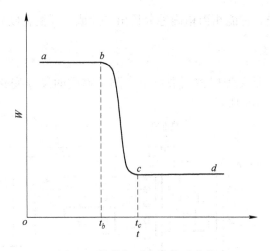

图 5-7　热分解反应的热重曲线

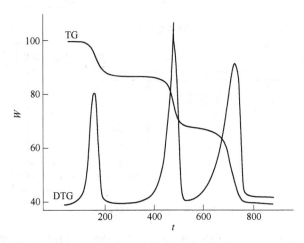

图 5-8　TG 曲线和 DTG 曲线

5.3.1.3　影响热重曲线的因素

（1）仪器因素。

1）浮力与对流的影响。

2）挥发物冷凝的影响。

3）温度测量的影响。

（2）实验因素。

1）升温速率。

2）气氛。

3）纸速。

（3）试样因素。试样的用量和粒度都可影响热重曲线。

5.3.1.4　热重分析的特点

物质的热重曲线的每一个平台都代表了该物质确定的质量。因此，热重分析方法的最大的特点就是定量性强。它能相当精确地分析出二元或三元混合物各组分的含量。

任务 5.3.2 热膨胀法

热膨胀法（TMA）是在程序控制温度下，测量物质的尺寸变化与温度关系的一种方法。热膨胀仪结构如图 5-9 所示。

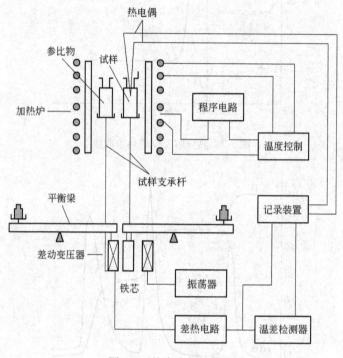

图 5-9 热膨胀仪结构图

热膨胀仪按照位移检测方法可分为差动变压器检测、光电检测和激光干涉条纹检测三种类型。

差动变压器检测膨胀仪是一种天平式的膨胀仪，由加热炉系统、温度控制系统、气氛控制系统、测量系统和记录系统组成。

热膨胀法在陶瓷材料的研究中具有重要意义，研究和掌握陶瓷材料的各种原材料的热膨胀性对确定陶瓷材料合理的配方和烧成制度是至关重要的。

任务 5.3.3 综合热分析法

在科学研究和生产中，无论是对物质结构与性能的分析测试还是反应过程的研究，一种热分析手段与另一种或几种热分析手段及其他分析手段联合使用，都会收到互相补充、互相验证的效果，从而获得更全面、更可靠的信息。

因此，在热分析技术中，各种单功能的仪器倾向于综合化，这便是综合热分析法，它是指在同一时间对同一样品使用两种或两种以上热分析手段，如 DTA-TG、DSC-TG、DTA-TG-DTG、DSC-TG-DTG、DTA-TMA、DTS-TG-TMA 等的综合。

综合热分析法实验方法和曲线解释与单功能热分析法完全一样，但在曲线解释时有一些综合基本规律可供分析参考：

（1）产生吸热效应并伴有质量损失时，一般是物质脱水或分解；产生放热效应并伴有质量增加时，为氧化过程。

（2）产生吸热效应而无质量变化时，为晶型转变所致；有吸热效应并有体积收缩时，也可能是晶型转变。

（3）产生放热效应并有体积收缩，一般为重结晶或新物质生成。

（4）没有明显的热效应，开始收缩或从膨胀转变为收缩时，表示烧结开始，收缩越大，烧结进行得越剧烈。

由于综合热分析技术能在相同的实验条件下可获得尽可能多的表征材料特征的多种信息，因此在科研或生产中获得了广泛的应用。

习　　题

5-1　简述差热分析的基本原理。

5-2　试比较差示扫描量热分析和差热分析。

5-3　简述扫描量热分析的原理。

5-4　影响热重曲线的因素有哪些？

5-5　简述热膨胀法的基本原理。

单元6　常用无损检测方法

材料无损检测，即指不损伤产品又能发现缺陷的检测方法或技术，亦称为无损探伤，属于非破坏性检测方法的范畴。

它与某些破坏性检测方法，如力学性能检验、化学分析试验、金相检验等具有很强的互补性，尤其适合成品检验和在役运行产品的检验。

无损检测方法具有较为广泛的应用领域。它不仅用于工业生产中，在医疗、生物技术、电子技术、地质科学等诸多领域也均有运用，尤其在金属材料制造领域，如锅炉压力容器、化工机械、造船、海洋构造、航空航天以及核反应堆等生产制造领域更是不可缺少的质量保证手段。

项目6.1　超声检测

超声检测是焊接件和铸件质量检验的一项重要检验技术。它具有灵敏度高、设备轻巧、操作方便、探测速度快、成本低、对人体无害等优点，故被广泛应用。因目前的设备都是以脉冲波形图来间接显示缺陷，因而探伤结果受探伤人员的经验和技术熟练程度的影响较大，现在还做不到精确判定缺陷。一般来说，进行超声波探伤必须掌握超声波探伤的物理基础，熟知影响探伤灵敏度的因素，了解通常产生缺陷的特征及其常出现的位置等。因此，探伤时除了掌握超声波探伤的技术外，还应对探伤产品作全面了解。

任务6.1.1　超声检测的基础知识

超声波的产生依赖于做高频机械振动的"声源"和传播机械振动的弹性介质，所以机械振动和波动是超声检测的物理基础。描述超声波波动特性的基本物理量有声速 c、频率 f、波长 λ、周期 T、角频率 ω。其中频率和周期是由波源决定的，声速与传声介质的特性和波型有关。这些量之间的关系如下：

$$T = \frac{1}{f} = \frac{2\pi}{\omega} = \frac{\lambda}{c}$$

超声波波长很短，这决定了超声波具有一些重要特性，使其能广泛应用于无损检测。

（1）方向性好：超声波具有像光波一样定向束射的特性。

（2）穿透能力强：对于大多数介质而言，它具有较强的穿透能力。例如在一些金属材料中，其穿透能力可达数米。

（3）能量高：超声检测的工作频率远高于声波的频率，超声波的能量远大于声波的能量。

（4）遇有界面时，将产生反射、折射和波型的转换。利用超声波在介质中传播时这些物理现象，经过巧妙的设计，可使超声检测工作的灵活性、精确度得以大幅度提高。

超声波的分类方法很多，主要有：按介质质点的振动方向与波的传播方向之间的关系分类，即按波型分类；按波振面的形状分类，即按波形分；按振动的持续时间分类等。其中，按波型是研究超声波在介质中传播规律的重要理论依据。

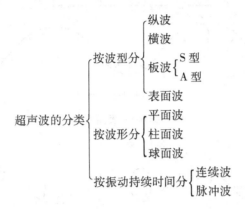

（1）超声波的波型。超声波的波型指的是介质质点的振动方向与波的传播方向的关系。按波型超声波可分为纵波、横波、表面波和板波等。

1）纵波。介质中质点的振动方向与波的传播方向相同的波叫纵波（见图6-1），用 L 表示。介质质点在交变拉压应力的作用下，质点之间产生相应的伸缩变形，从而形成了纵波。纵波传播时，介质的质点疏密相间，所以纵波有时又称为压缩波或疏密波。

2）横波。介质中质点的振动方向垂直于波的传播方向的波叫横波（见图6-2），用 S 或 T 表示。横波的形成是由于介质质点受到交变切应力作用时，产生了切变形变，所以横波又叫做切变波。液体和气体介质不能承受切应力，只有固体介质能够承受切应力，因而横波只能在固体介质中传播，不能在液体和气体介质中传播。

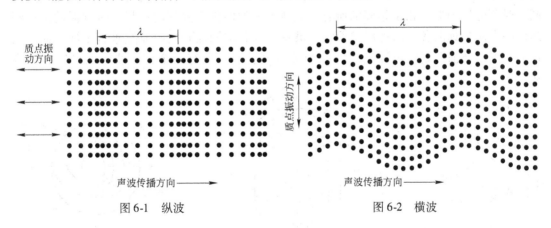

图 6-1　纵波　　　　　　　　　　　图 6-2　横波

3）表面波（瑞利波）。当超声波在固体介质中传播时，对于有限介质而言，有一种沿介质表面传播的波即表面波（见图6-3）。瑞利首先对这种波给予了理论上的说明，因此表面波又称为瑞利波，常用 R 表示。

4）板波（兰姆波）。在板厚和波长相当的弹性薄板中传播的超声波叫板波（或兰姆波）。板波传播时声场遍及整个板的厚度。薄板两表面质点的振动为纵波和横波的组合，质点振动的轨迹为一椭圆，在薄板的中间也有超声波传播。板波按其传播方式又可分为对称型（S 型，见图6-4a）和非对称型（A 型，见图6-4b）两种，这是由质点相对于板的中间层做对称型还是非对称型运动来决定的。

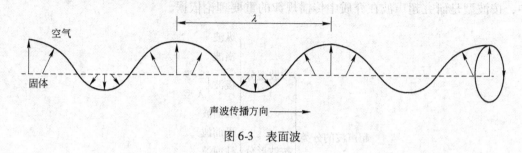

图 6-3　表面波

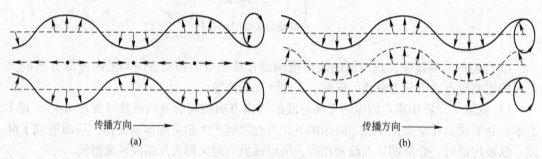

图 6-4　板波
（a）对称型；（b）非对称型

（2）超声波的波形。超声波由声源向周围传播的过程可用波阵面进行描述。如图 6-5 所示，在无限大且各向同性的介质中，振动向各方向传播，用波线表示传播的方向；将同一时刻介质中振动相位相同的所有质点所连成的面称为波阵面；某一时刻振动传播到达的距声源最远的各点所连成的面称为波前。在各向同性介质中波线垂直于波阵面。在任何时刻，波前总是距声源最远的一个波阵面。波前只有一个，而波阵面可以有任意多个。

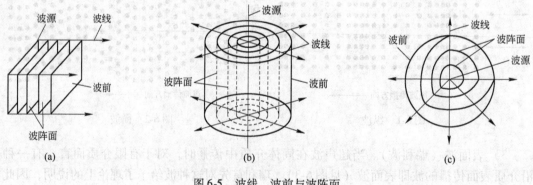

图 6-5　波线、波前与波阵面
（a）平面波；（b）柱面波；（c）球面波

根据波阵面的形状（波形），超声波可分为平面波、柱面波和球面波等。

平面波即波阵面为平面的波，柱面波的波阵面为同轴圆柱面，球面波的波阵面为同心球面，如图 6-5 所示。当声源是一个点时，在各向同性介质中的波阵面为以声源为中心的球面。可以证明，球面波中质点的振动幅度与距声源的距离成反比。当声源的尺寸远小于测量点距声源的距离时，可以把超声波看成是球面波。球面波的波动方程为：

$$y = \frac{A}{x}\cos\omega\left(t - \frac{x}{c}\right)$$

（3）连续波与脉冲波。连续波是介质中各质点振动时间为无穷时的波。脉冲波是质点振动时间很短的波，超声检测中最常用的是脉冲波。对脉冲波进行频谱分析，可知它并非单一频率，而是包括多种频率成分。其中人们关心的频谱特征量主要有峰值频率、频带宽度和中心频率。

任务 6.1.2　超声场及介质的声参量简介

6.1.2.1　超声场的物理量

（1）声压。当介质中有超声波传播时，由于介质质点振动，介质中压强交替变化。超声场中某一点在某一瞬时所具有的压强 p_1 与没有超声波存在时同一点的静态压强 p_0 之差称为该点的声压，用 p 表示，即

$$p = p_1 - p_0$$

对于平面余弦波，可以证明：

$$p = p_\mathrm{m}\sin\omega\left(t - \frac{x}{c}\right) = \rho c V_\mathrm{m}\sin\omega\left(t - \frac{x}{c}\right) = \rho c A\omega\sin\omega\left(t - \frac{x}{c}\right) = \rho c V$$

式中　ρ——介质的密度；

　　c——介质中的声速；

　　ω——介质质点的振幅；

　　V——介质质点振动的角频率；

　　V_m——质点振动速度的幅值，$V_\mathrm{m} = A\omega$；

　　t——时间；

　　x——质点距声源的距离；

　　p_m——声压幅值，$p_\mathrm{m} = \rho c A\omega$。

由上式可知：超声场中某一点的声压幅值 p_m 与角频率成正比，也就是与频率成正比。由于超声波的频率很高，远大于声波的频率，故超声波的声压一般也远大于声波的声压。

（2）声阻抗。介质中某一点的声压幅值 p_m 与该处质点振动速度幅值 V_m 之比，称为声阻抗，常用 Z 表示。在同一声压下，声阻抗 Z 愈大，质点的振动速度就愈小。声阻抗表示超声场中介质对质点振动的阻碍作用。

$$Z = \frac{p_\mathrm{m}}{V_\mathrm{m}} = \rho c$$

（3）声强。单位时间内垂直通过单位面积的声能，称为声强，用 I 表示。对于平面纵波，其声强 I 为：

$$I = \frac{1}{2}\rho c A^2 \omega^2 = \frac{1}{2}Z V_\mathrm{m}^2 = \frac{1}{2}\frac{p_\mathrm{m}^2}{Z}$$

由上式可知，超声场中，声强与角频率平方成正比。由于超声波的频率很高，故超声

波的声强很大，这是超声波能用于探伤的重要依据。

（4）分贝的概念。实际探伤中，将声强 I_1 与 I_2 之比取对数的 10 倍得到二者相差的数量级，这时单位为分贝，用 dB 表示，即

$$\Lambda = 10\lg \frac{I_1}{I_2}(\text{dB})$$

$$\Lambda = 10\lg \frac{I_1}{I_2} = 20\lg \frac{p_{m1}}{p_{m2}}$$

式中　p_{m1}，p_{m2}——声强 I_1、I_2 对应的声压幅值。

对于线性良好的超声波探伤仪，示波屏上波高与声压成正比，即任意两波高 H_1、H_2 之比等于相应的声压 p_{m1}、p_{m2} 之比，即

$$\Lambda = 20\lg \frac{p_{m1}}{p_{m2}} = 20\lg \frac{H_1}{H_2}(\text{dB})$$

6.1.2.2　介质的声参量

（1）声速。声速表示声波在介质中传播的速度，它与超声波的波型有关，但更依赖于传声介质自身的特性。因此，声速又是一个表征介质声学特性的参量。了解受检材料的声速，对于缺陷的定位和定量分析都有重要的意义。

声速又可分为相速度和群速度。相速度是指声波传播到介质的某一选定相位点时在传播方向上的声速。群速度是指传播声波的包络上具有某种特征（如幅值最大）的点上沿传播方向上的声速。群速度是波群的能量传播速度。

1）纵波、横波和表面波的声速。纵波、横波和表面波的声速主要是由介质的弹性性质、密度和泊松比决定的，与频率无关，即它们各自的相速度和群速度相同，因此一般说到它们的声速都是指相速度。不同材料声速值有较大的差异。在给定的材料中，频率越高，波长越短。

同一固体介质中，纵波声速 c_1 大于横波声速 c_S，横波声速 c_S 又大于瑞利波声速 c_R。对于钢材，$c_1 \approx 1.8c_S$，$c_S \approx 1.1c_R$。

2）板波的声速。板波的声速与其他波型不同，其相速度随频率变化而变化。相速度随频率变化而变化的现象被称为频散。

（2）声衰减系数。超声波的衰减指的是超声波在材料中传播时，声压或声能随距离的增大而逐渐减小的现象。引起衰减的原因主要有三个方面：一是声束的扩散；二是材料中的晶粒或其他微小颗粒引起声波的散射；三是介质的吸收。

在超声检测中，谈到超声波在材料中的衰减时，通常关心的是散射衰减和吸收衰减，而不包括扩散衰减。对于平面波来说，声压幅值衰减规律可用下式表示：

$$p = p_0 e^{-\alpha x}$$

任务 6.1.3　超声波在介质中的传播特性

6.1.3.1　超声波垂直入射到平界面上的反射和透射

如图 6-6 所示，当超声波垂直入射到两种介质的界面时，一部分能量透过界面进入第

二种介质，成为透射波（声强为 I_t），波的传播方向不变；另一部分能量则被界面反射回来，沿与入射波相反的方向传播，成为反射波（声强为 I_r）。声波的这一性质是超声波检测缺陷的物理基础。

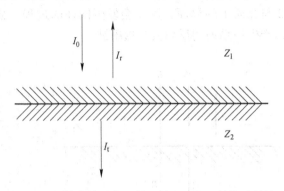

图 6-6　超声波垂直入射于平界面的反射与透射

通常将反射波声压 p_r 与入射波声压 p_0 的比值称为声压反射率 r，将透射波声压 p_t 和 p_0 的比值称为声压透射率 t。可以证明，r 和 t 的数学表达式为：

$$r = \frac{p_r}{p_0} = \frac{Z_2 - Z_1}{Z_2 + Z_1}$$

$$t = \frac{p_1}{p_0} = \frac{2Z_2}{Z_2 + Z_1}$$

式中　Z_1——第一种介质的声阻抗；

　　　Z_2——第二种介质的声阻抗。

为了研究反射波和透射波的能量关系，引入声强反射率 R 和声强透射率 T 两个量。R 为反射波声强（I_r）和入射波声强（I_0）之比；T 为透射波声强（I_t）和入射波声强（I_0）之比。

$$R = \frac{I_r}{I_0} = r^2 = \left(\frac{Z_2 - Z_1}{Z_2 + Z_1}\right)^2$$

$$T = \frac{I_t}{I_0} = \frac{Z_1 p_t^2}{Z_2 p_0^2} = \frac{4Z_1 Z_2}{(Z_2 + Z_1)^2}$$

对于脉冲反射技术来说，还有一个有意义的量是声压往返透过率，如图 6-7 所示。通常入射声压经过两种介质的界面透射到试件中后，均需经过相反的路径（假设在工件底面的反射为全反射）再次穿过界面到第一介质中才被探头所接收。两次穿透界面时透射率的大小，决定着接收信号的强弱。因此，将声压沿相反方向两次穿过界面时总的透射率称为声压往返透过率（t_p），其数值等于两次穿透界面的透射率的乘积，得

$$t_p = t_1 t_2 = \frac{4Z_1 Z_2}{(Z_1 + Z_2)^2}$$

6.1.3.2　超声波垂直入射到多层界面上时的反射和透射

在超声检测中经常遇到超声波进入第二种介质后，穿过第二种介质再进入第三种介质

的情况。如图 6-8 所示，当超声波从介质 1（声阻抗为 Z_1）中垂直入射到介质 1 和介质 2（声阻抗为 Z_2）的界面上时，一部分声能被反射，另一部分透射到介质 2 中；当透射的声波到达介质 2 和介质 3（声阻抗为 Z_3）的界面时，再次发生反射与透射，其反射波部分在介质 2 中传播至介质 2 与介质 1 的界面，则又会发生同样的过程。如此不断地继续下去，则在两个界面的两侧，产生一系列的反射波与透射波。

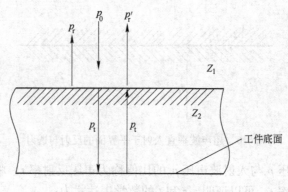

图 6-7　声压往返透过率

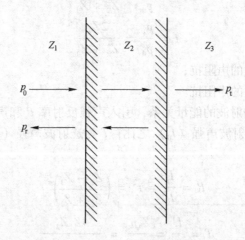

图 6-8　在两个界面上的反射和透射

任务 6.1.4　超声检测设备和器材

　　超声检测设备和器材包括超声波检测仪、探头、试块、耦合剂和机械扫查装置等。其中超声检测仪和探头对超声检测系统的性能起着关键性的作用，是产生超声波并对经材料中传播后的超声波信号进行接收、处理、显示的部分。由这些设备组成的综合的超声检测系统，其总体性能不仅受各个分设备的影响，还在很大程度上取决于它们之间的配合。工业生产自动化程度的提高，对检测的可靠性、速度提出了更高的要求，以往的手工检测越来越多地被自动检测系统取代。

　　超声波检测仪是超声检测的主体设备，是专门用于超声检测的一种电子仪器。它的作用是产生电振荡并加于换能器——探头，激励探头发射超声波，同时将探头送回的电信号进行放大处理后以一定方式显示出来，从而得到被探测工件内部有无缺陷及缺陷的位置和大小等信息。

（1）脉冲式检测仪按回波信号的显示方式可分为 A 型显示、B 型显示和 C 型显示三种类型。

A 型显示是一种波形显示，屏幕的横坐标代表声波的传播时间（或距离），纵坐标代表反射波的声压幅度。可以认为该方式显示的是沿探头发射声束方向上一条线上的不同点的回波信息。图 6-9 为 A 型显示原理图。图中，T 表示发射脉冲，F 表示来自缺陷的回波，B 表示底面回波。

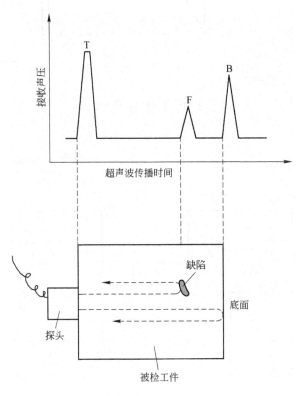

图 6-9　A 型显示原理图

B 型显示的是试件的一个二维截面图，屏幕纵坐标代表探头在探测面上沿一直线移动扫查的位置坐标，横坐标是声传播的时间（或距离）。该方式可以直观地显示出被探工件任一纵截面上缺陷的分布及缺陷的深度等信息。图 6-10 为 B 型显示原理图。

C 型显示显示的是试件的一个平面投影图，探头在试件表面做二维扫查，屏幕的二维坐标对应探头的扫查位置。探头在每一位置接收的信号幅度以光点辉度表示。该方式可形象地显示工件内部缺陷的平面投影图像，但不能显示缺陷的深度。图 6-11 为 C 型显示原理图。

（2）按超声波的通道分类，超声波检测仪可分为单通道和多通道两种。

（3）按是否数字化分类，超声波检测仪可分为数字式和模拟式两种。所谓数字式主要指发射、接收电路的参数控制和接收信号的处理、显示均采用数字方式的仪器。数字式超

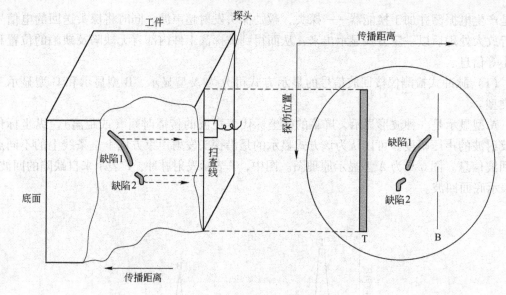

图 6-10 B 型显示原理图

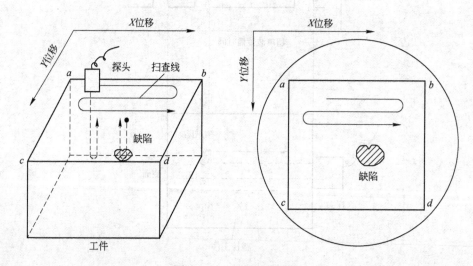

图 6-11 C 型显示原理图

声检测仪是计算机技术和传统超声检测技术相结合的产物。它具有传统模拟式检测仪的基本功能，同时又增加了数字化带来的先进功能，即实现了仪器功能的精确和自动控制、信号获取和处理的数字化和自动化、检测结果的可记录性和可再现性。

任务 6.1.5　超声检测技术的应用

（1）锻件检测。锻件的种类和规格很多，常见的类型有饼盘件、环形件、轴类件和筒形件等。锻件中的缺陷多呈现面积形或长条形的特征。由于超声检测技术对面积型缺陷检测最为有利，因此锻件是超声检测实际应用的主要对象。

1）锻件中的常见缺陷。锻件中的缺陷主要来源于两个方面：材料锻造过程中形成的缩孔、缩松、夹杂及偏析等；热处理中产生的白点、裂纹和晶粒粗大等。

2）锻件超声检测的特点。锻件可采用接触法或液浸法进行检测。锻件的组织很细，由此引起的声波衰减和散射影响相对较小。因此，锻件上有时可以应用较高的检测频率（如 10MHz 以上），以满足高分辨度检测的要求，以及实现较小尺寸缺陷检测的目的。

（2）铸件检测。铸件具有组织不均匀、组织不致密、表面粗糙和形状复杂等特点，因此常见缺陷有孔洞类（包括缩孔、缩松、疏松、气孔等）、裂纹冷隔类（冷裂、热裂、白带、冷隔和热处理裂纹）、夹杂类以及成分类（如偏析）等。

铸件的上述特点，形成了铸件超声检测的特殊性和局限性。检测时一般选用较低的超声频率，如 0.5～2MHz，因此检测灵敏度低，杂波干扰严重，缺陷检测要求较低。

铸件检测常采用的超声检测方法有直接接触法、液浸法、反射法和底波衰减法。

（3）焊接接头检测。许多金属结构件都采用焊接的方法制造。焊缝形式有对接、搭接、T 型接、角接等，如图 6-12 所示。超声检测是对焊接接头质量进行评价的重要检测手段之一。焊缝超声检测的常见缺陷有气孔、夹渣、未熔合、未焊透和焊接裂纹等。

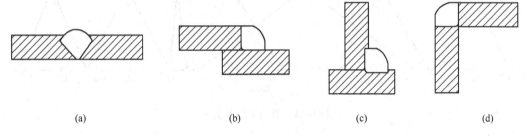

图 6-12　焊接接头形式
（a）对接接头；（b）搭接接头；（c）T 型接头；（d）角接接头

焊缝探伤一般采用斜射横波接触法，在焊缝两侧进行扫查。探头频率通常为 2.5～5.0MHz。发现缺陷后，即可采用三角法对其进行定位计算。仪器灵敏度的调整和探头性能测试应在相应的标准试块或自制试块上进行。

（4）复合材料检测。复合材料是由两种或多种性质不同的材料轧制或黏合在一起制成的。其黏合质量的检测主要有接触式脉冲反射法、脉冲穿透法和共振法。

脉冲反射法适用于由两层材料复合而成的复合材料，黏合层中的分层多数与板材表面平行的情况有关。用纵波检测时，黏合质量好的，产生的界面波会很低，而底波幅度会较高；当黏合不良时，则相反。

（5）非金属材料的检测。超声波在非金属材料（木材、混凝土、有机玻璃、陶瓷、橡胶、塑料、砂轮、炸药药饼等）中的衰减一般比在金属中的大，多采用低频率检测，一般为 20～200kHz，也有用 2～5MHz 的。为了获得较窄的声束，需采用晶片尺寸较大的探头。

塑料零件的探测一般采用纵波脉冲反射法；陶瓷材料可用纵波和横波探测；橡胶检测频率较低，可用穿透法检测。

项目 6.2　射线检测

任务 6.2.1　射线检测的物理基础

6.2.1.1　射线的种类和频谱

在射线检测中应用的射线主要是 X 射线、γ 射线和中子射线。X 射线和 γ 射线属于电磁辐射，而中子射线是中子束流。

（1）X 射线。X 射线又称伦琴射线，是射线检测领域中应用最广泛的一种射线，波长范围约为 $0.0006 \sim 100 \mathrm{nm}$（见图 6-13）。在 X 射线检测中常用的波长范围为 $0.001 \sim 0.1 \mathrm{nm}$。X 射线的频率范围为 $3 \times 10^9 \sim 5 \times 10^{14} \mathrm{MHz}$。

（2）γ 射线。γ 射线是一种波长比 X 射线更短的射线，波长范围约为 $0.0003 \sim 0.1 \mathrm{nm}$（见图 6-13），频率范围为 $3 \times 10^{12} \sim 1 \times 10^{15} \mathrm{MHz}$。

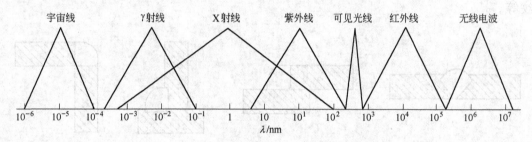

图 6-13　射线的波长分布

工业上广泛采用人工同位素产生 γ 射线。由于 γ 射线的波长比 X 射线更短，所以具有更大的穿透力。在无损检测中 γ 射线常被用来对厚度较大和大型整体工件进行射线照相。

（3）中子射线。中子是构成原子核的基本粒子。中子射线是由某些物质的原子在裂变过程中逸出高速中子所产生的。工业上常用人工同位素、加速器、反应堆来产生中子射线。在无损检测中中子射线常被用来对某些特殊部件（如放射性核燃料元件）进行射线照相。

6.2.1.2　X 射线的产生

X 射线是一种波长比紫外线还短的电磁波，它具有光的特性，例如具有反射、折射、干涉、衍射、散射和偏振等现象。它能使一些结晶物体发生荧光、气体电离和胶片感光。

X 射线通常是将高速运动的电子作用到金属靶（一般是重金属）上而产生的。图 6-14 是在 35kV 的电压下操作时，钨靶与钼靶产生的典型的 X 射线谱。钨靶发射的是连续光谱，而钼靶除发射连续光谱之外还叠加了两条特征光谱，称为标识 X 射线，即 K_α 线和 K_β 线。若要得到钨的 K_α 线和 K_β 线，则电压必须加到 70kV 以上。

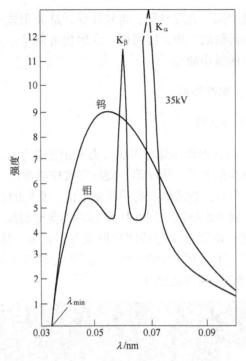

图 6-14　钨与钼的 X 射线谱

6.2.1.3　X 射线检测方法

X 射线检测常用的方法是照相法，即将射线感光材料（通常用射线胶片）放在被透照试件的背面接受透过试件后的 X 射线，如图 6-15 所示。胶片曝光后经暗室处理，就会显示出物体的结构图像。根据胶片上影像的形状及其黑度的不均匀程度，就可以评定被检测试件中有无缺陷及缺陷的性质、形状、大小和位置。

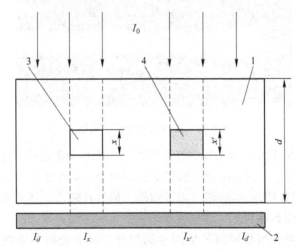

图 6-15　X 射线照相原理示意图

1—被透照试件；2—射线感光胶片；3—气孔（缺陷）；4—夹渣（缺陷）

照相法的优点是灵敏度高、直观可靠、重复性好，是 X 射线检测法中应用最广泛的一种常规方法。由于生产和科研的需要，还可用放大照相法和闪光照相法以弥补其不足。放大照相可以检测出材料中的微小缺陷。

任务 6.2.2　常见缺陷及其影像特征

6.2.2.1　焊件中常见的缺陷

（1）裂纹。裂纹主要是在熔焊冷却时因热应力和相变应力而产生的，也有在校正和疲劳过程中产生的，是危险性最大的一种缺陷。裂纹影像较难辨认。因为断裂宽度、裂纹取向、断裂深度不同，其影像有的较清晰，有的模糊不清。常见的有纵向裂纹、横向裂纹和弧坑裂纹，分布在焊缝上或热影响区。图 6-16 所示即为焊缝裂纹。

（2）未焊透。未焊透是熔焊金属与基体材料没有熔合为一体且有一定间隙的一种缺陷。在胶片上的影像特征是连续或断续的黑线，黑线的位置与两基体材料相对接的位置间隙一致。图 6-17 是对接焊缝的未焊透照片。

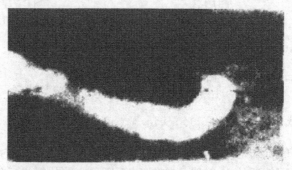

图 6-16　焊缝裂纹照片

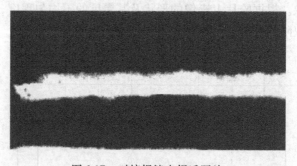

图 6-17　对接焊缝未焊透照片

（3）气孔。气孔是在熔焊时部分空气停留在金属内部而形成的缺陷。气孔在底片上的影像一般呈圆形或椭圆形，也有不规则形状的，以单个、多个密集或链状的形式分布在焊缝上。在底片上气孔的影像轮廓清晰，边缘圆滑，如气孔较大，还可看到其黑度中心部分较边缘要深一些（见图 6-18）。

（4）夹渣。夹渣是在熔焊时所产生的金属氧化物或非金属夹杂物，因来不及浮出表面，停留在焊缝内部而形成的缺陷。在底片上其影像是不规则的，呈圆形、块状或链状等，边缘没有气孔圆滑清晰，有时带棱角，如图 6-19 所示。

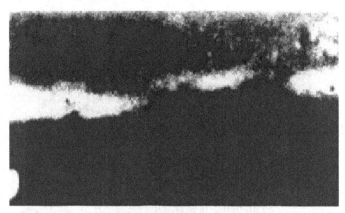

图 6-18　焊缝气孔照片

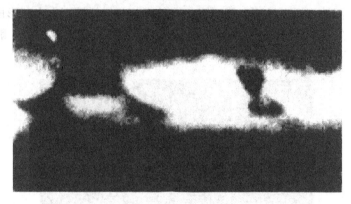

图 6-19　焊缝夹渣照片

（5）烧穿。在焊缝的局部，因热量过大而被熔穿，形成流垂或凹坑。烧穿在底片上的影像呈光亮的圆形（流垂）或呈边缘较清晰的黑块（凹坑），如图 6-20 所示。

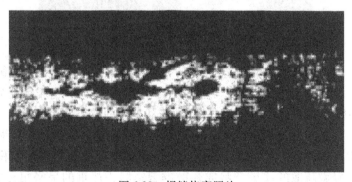

图 6-20　焊缝烧穿照片

6.2.2.2　铸件中常见的缺陷

（1）夹杂。夹杂是在金属熔化过程中，熔渣或氧化物因来不及浮出表面而停留在铸件内形成的。夹杂在胶片上的影像有球状、块状或其他不规则形状。其黑度有均匀的和不均匀的，有时出现的可能不是黑块而是亮块，这是因为铸件中夹有比铸造金属密度更大的夹杂物，如铸镁合金中的熔剂夹渣（见图 6-21）。

图 6-21　铸镁合金中的夹渣照片

（2）气孔。因铸型通气性不良等原因，铸件内部分气体排不出来而形成气孔。气孔大部分接近表面，在底片上的影像呈圆形或椭圆形，也有不规则形状的，一般中心部分较边缘稍黑，轮廓较清晰，如图 6-22 所示。

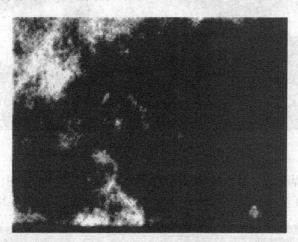

图 6-22　铸件中的气孔照片

（3）针孔。针孔是指直径不大于 1mm 的气孔，是铸铝合金中常见的缺陷。在胶片上的影像有圆形、条形、苍蝇脚形等。当透照较大厚度的工件时，由于针孔分布在整个横断面，针孔投影在胶片上是重叠的，此时就无法辨认出它的单个形状了。

（4）疏松。浇铸时局部温差过大，在金属收缩过程中，邻近金属补缩不良，产生疏松。疏松多产生在铸件的冒口根部、厚大部位、厚薄交界处和具有大面积的薄壁处。在底片上的影像呈轻微疏散的浅黑条状或疏散的云雾状，严重的呈密集云雾状或树枝状，如图 6-23 所示。

（5）裂纹。裂纹一般是在收缩时产生，沿晶界发展。在底片上的影像是连续或断续曲折状黑线，一般两端较细，如图 6-24 所示。

（6）冷隔。冷隔由浇铸温度偏低造成，一般分布在较大平面的薄壁上或厚壁过渡区，铸件清理后有时肉眼可见。冷隔在底片上的影像呈黑线，与裂纹相似，但有时可能中部细而两端较粗。

图 6-23　铸件内部疏松照片

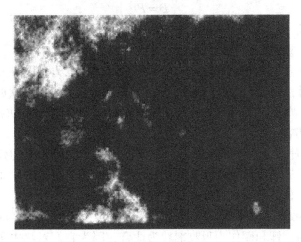

图 6-24　铸件裂纹照片

6.2.2.3　缺陷的测定

（1）缺陷埋藏深度的测定。根据缺陷在底片上的影像，只能判定缺陷在工件中的平面位置，也就是说，缺陷位置只能以两个坐标表示出来。为了确定第三个坐标，即决定缺陷所在位置的深度，必须进行两次不同方向的照射。

（2）缺陷在射线方向上的厚度测定。缺陷在射线束方向的厚度（如气孔直径或未焊透深度等），可用测量缺陷在底片上的影像黑度来估计。

任务 6.2.3　射线的防护

（1）屏蔽防护法。屏蔽防护法是利用各种屏蔽物体吸收射线，以减少射线对人体的伤害，这是射线防护的主要方法。一般根据 X 射线、γ 射线与屏蔽物的相互作用来选择防护材料。屏蔽 X 射线和 γ 射线以密度大的物质为好，如贫化铀、铅、铁、重混凝土、铅玻璃等都可以用作防护材料。但从经济、方便出发，也可采用普通材料，如混凝土、岩石、砖、土、水等。对于中子的屏蔽除防护 γ 射线，还以特别选取含氢元素多的物质为宜。

（2）距离防护法。在进行野外或流动性射线检测时，距离防护是非常经济有效的方法。这是因为射线的剂量率与距离的平方成反比，增加距离可显著地降低射线的剂量率。若离放射源的距离为 R_1 处的剂量率为 P_1，在另一径向距离为 R_2 处的剂量率为 P_2，则它们的关系为：

$$P_2 = P_1 \frac{R_1^2}{R_2^2}$$

显然，增大 R_2 可有效地降低剂量率 P_2。在无防护或防护层不够时，这是一种特别有用的防护方法。

（3）时间防护法。时间防护是指让工作人员尽可能减少接触射线的时间，以保证检测人员在任一天都不超过国家规定的最大允许剂量当量 1.7×10^{-6} Sv。

人体接受的总剂量为：

$$D = Pt$$

式中　P——在人体上接受到的射线剂量率；

　　　t——接触射线的时间。

由此可见，缩短与射线接触时间 t 亦可达到防护目的。如每周每人控制在最大容许剂量 1×10^{-3} Sv 以内时，则应有 $D \leqslant 1 \times 10^{-3}$ Sv；如果人体在每透照一次时所接受到的射线剂量为 1×10^{-3} Sv 时，则控制每周内的透照次数 $N \leqslant 0.1$，亦可以达到防护的目的。

（4）中子防护方法

1）正确选择减速剂。快中子减速作用主要依靠中子和原子核的弹性碰撞实现，因此较好的中子减速剂是原子序数低的元素如氢、水、石蜡等含氢多的物质。它们作为减速剂使用减速效果好，价格便宜，是比较理想的防护材料。

2）正确选择吸收剂。对于吸收剂要求它在俘获慢中子时放出来的射线能量要小，而且对中子是易吸收的。锂和硼作为吸收剂较为适合，因为它们对热中子吸收截面大，分别为 71b（靶恩）和 759b（$1b = 10^{-28}$ m²）锂俘获中子时放出 γ 射线很少，可以忽略。而硼俘获的中子 95% 放出 0.7MeV 的软 γ 射线，比较易吸收，因此常选含硼物或硼砂、硼酸作吸收剂。

在设置中子防护层时，总是把减速剂和吸收剂同时考虑；如含 2% 的硼砂（质量分数，下同）、石蜡、砖或装有 2% 硼酸水溶液的玻璃（或有机玻璃）水箱堆置即可，特别要注意防止中子产生泄漏。

项目 6.3　涡流检测

任务 6.3.1　涡流检测的基础

当导体处在变化的磁场中或相对于磁场运动时，由电磁感应定律可知，其内部会感应出电流。此电流的特点是：在导体内部自成闭合回路，呈漩涡状流动，因此称之为涡流。例如，在含有圆柱导体芯的螺管线圈中通有交变电流时，圆柱导体芯中将出现涡流，如图 6-25 所示。

6.3.1.1　涡流检测基本原理

当载有交变电流的检测线圈靠近导电试件时，由于激励线圈磁场的作用，试件中会产生涡流。涡流的大小、相位及流动形式受试件导电性能的影响。涡流也会产生一个磁场，这个磁场反过来又会使检测线圈的阻抗发生变化。因此，通过测定检测线圈阻抗的变化，就可以判断出被测试件的性能及有无缺陷等。

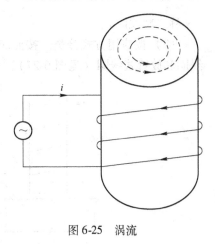

图 6-25 涡流

6.3.1.2 涡流的趋肤效应和透入深度

当直流电流通过导线时，横截面上的电流密度是均匀的。交变电流通过导线时，导线周围变化的磁场也会在导线中产生感应电流，从而使沿导线截面的电流分布不均匀。表面的电流密度较大，越往中心处越小，尤其是当频率较高时，电流几乎是在导线表面附近的薄层中流动，这种现象称为趋肤效应。

趋肤效应的存在使感生涡流的密度从被检材料或工件的表面到其内部按指数分布规律递减。在涡流检测中，定义涡流密度衰减到其表面密度值的 $1/e$（36.8%）时对应的深度为标准透入深度，也称趋肤深度，用符号 δ 表示，其数学表达式为：

$$\delta = \frac{1}{\sqrt{\pi f \mu \sigma}}$$

6.3.1.3 涡流检测线圈

涡流检测线圈有以下三种分类方法。

（1）按感应方式分类。按照感应方式不同，检测线圈可分为自感式线圈和互感式线圈（又称为参量式线圈和变压器式线圈），如图 6-26 所示。

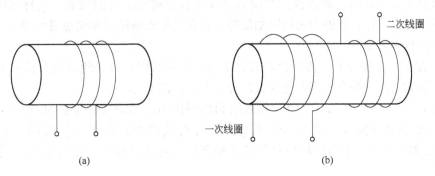

（a）   （b）

图 6-26 不同感应方式的检测线圈
（a）自感式线圈；（b）互感式线圈

自感式线圈由单个线圈构成，该线圈产生激励磁场，在导电体中形成涡流，同时又是感应、接收导电体中涡流再生磁场信号的检测线圈，故名自感线圈。互感线圈一般由两个或两组线圈构成，其中一个（组）是产生激励磁场在导电体中形成涡流的激励线圈（又称一次线圈），另一个（组）线圈是感应、接收导电体中涡流再生磁场信号的检测线圈

（又称二次线圈）。

（2）按应用方式分类。按照应用方式不同，检测线圈可分为外通过式线圈、内穿过式线圈和放置式线圈（见图 6-27）。

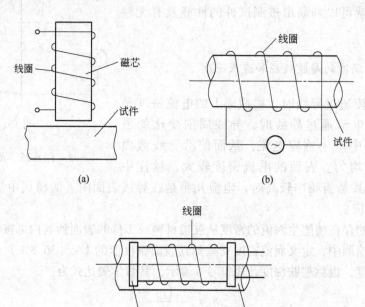

图 6-27　不同应用方式的检测线圈
（a）放置式线圈；（b）外通过式线圈；（c）内穿过式线圈

放置式线圈又称为探头式线圈。在应用过程中，外通过式线圈和内穿过式线圈的轴线平行于被检工件的表面，而放置式线圈的轴线垂直于被检工件的表面。这种线圈可以设计、制作得很小，而且线圈中可以附加磁芯，具有增强磁场强度和聚焦磁场的特性，因此具有较高的检测灵敏度。

（3）按比较方式分类。按照比较方式不同，检测线圈可分为绝对式线圈和差动式线圈，而差动式线圈又分自比式和他比式两种，如图 6-28 所示。

绝对式线圈是一种由一个同时起激励和检测作用的线圈或一个激励线圈（一次线圈）和一个检测线圈（二次线圈）构成，仅针对被检测对象某一位置的电磁特性直接进行检测的线圈，而不与被检对象的其他部位或对比试样某一部位的电磁特性进行比较检测。

6.3.1.4　涡流检测装置

涡流检测装置包括检测线圈、检测仪器和辅助装置，另外还配有标准试样和对比试样。检测线圈前面已经介绍过了，下面简要介绍其他部分。

检测仪器是涡流检测的核心部分。其作用为产生交变电流供给检测线圈，对检测到的电压信号进行放大，抑制或消除干扰信号，提取有用信号，最终显示检测结果。根据检测

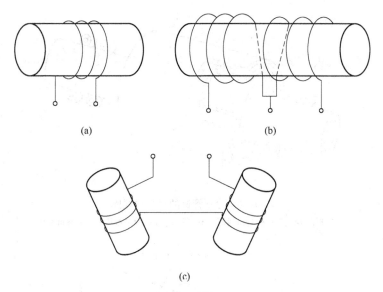

图 6-28 不同比较方式的检测线圈

（a）绝对式线圈；（b）自比式线圈；（c）他比式线圈

对象和目的，涡流检测仪器分涡流探伤、涡流电导仪和涡流测厚仪三种。随着电子技术的发展，还出现了智能型涡流检测仪器。

任务 6.3.2 涡流检测的应用与发展

6.3.2.1 涡流探伤

（1）管、棒材探伤。用高速、自动化的涡流探伤装置可以对成批生产的金属管材和棒材进行无损检测。首先，自动上料进给装置使管材等速、同心地进入并通过涡流检测线圈。然后，分选下料机构根据涡流检测结果，按质量标准规定将经过探伤的管材分别送入合格品、次品和废品料槽。

用于管材探伤的检测线圈是多种多样的。小直径管材（直径不大于 75mm）探伤通常采用激励线圈与测量线圈分开的感应型穿过式线圈。当管材为铁磁性材料时，外层还要加上磁饱和线圈（见图 6-29）用直流电对管材进行磁化。这种线圈最适宜检测凹坑、锻屑、折叠和裂纹等缺陷，检测速度一般为 0.5m/s。需要说明的是，穿过式线圈对管材表面和近表面的纵向裂纹有良好的检出灵敏度，但由于其感生出的涡流沿管材周向流动，因此该线圈对周向裂纹的检测不敏感。此外，如果管材直径过大，使得缺陷面积在整个被检面积中占的比例很小时，检测的灵敏度也会显著降低。检测管材的周向裂纹或当管材的直径超过 75mm 时，宜采用小尺寸的探头式线圈（见图 6-30）以探测管材上的短小缺陷。探头数量的多少取决于管径的大小。探头式线圈的优点是提高了检测灵敏度，但其探伤的效率要比穿过式线圈低。

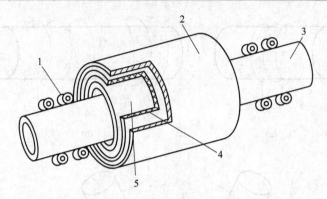

图 6-29　检测管材的穿过式线圈

1—V 形滚轮；2—磁饱和线圈；3—管材；4—激励线圈；5—测量线圈

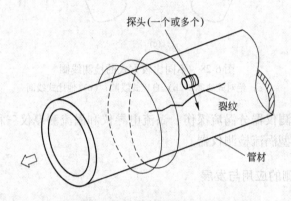

图 6-30　检测管材的探头式线圈

（2）不规则形状材料和零件探伤。适合采用放置式线圈进行检测的，既包括形状复杂的零件，也包括除管、棒材以外形状不规则的材料和零件，如板材、型材等。由于这类材料和零件的形状、结构多种多样，因此放置式线圈的形貌也多种多样。比如要采用涡流方法完成飞机维修手册所规定的全部检查项目，就要配备笔式探头、钩式探头、平探头、孔探头和异形探头等各种探头。

6.3.2.2　涡流检测技术的新发展

工业的发展对材料、产品检测要求的不断提高，并由于涡流检测自身的特点，人们逐步认识到常规涡流检测方法的一些局限性，它对解决某些问题显得无能为力。例如高频磁场激励的涡流，由于极强的趋肤效应，使它对更深层缺陷和材料特性的检测受到限制；由于对提离效应敏感，使得检测线圈与被检试件间精确、稳定的耦合十分困难；干扰信号同有用信号混淆在一起，无法分离、辨别；检测易受工件形状限制等。针对以上这些问题，提出了很多新的基于电磁原理的检测设想，经过逐步发展，形成了一些相对独立的新的检测方法，如远场涡流、电流扰动、磁光涡流、涡流相控阵检测技术等。它们同常规的涡流检测方法一道组成了电磁涡流检测技术，这些技术方法的分类并不是非常分明的，而是相互融合和交叉的，且各有优势。

项目 6.4　其他无损检测方法

任务 6.4.1　磁粉检测法

6.4.1.1　磁粉检测的基本原理

A　金属的铁磁性

在外磁场的作用下，铁磁性材料会被强烈磁化。反映外加磁场强度 H 与铁磁性材料内部磁感应强度 B 之间联系的闭合曲线称为磁滞回线。根据磁滞回线形状的不同，可以把铁磁性材料划分为软磁性和硬磁性材料两类。软磁性材料的磁滞特性不显著，矫顽力很小，剩磁非常容易消除；硬磁性材料的磁滞特性则非常显著，矫顽力和剩磁都很大，适于制造永久磁铁。

B　退磁场与漏磁场

（1）退磁场。将铁磁性棒料放在外磁场中磁化，棒料两端也分别感应出了 N、S 极，形成了方向与外磁场相反的磁场增量 ΔH。因为 ΔH 减弱了外磁场对材料的磁化作用，所以称其为退磁场。

（2）漏磁场。所谓漏磁场是指被磁化物体内部的磁力线在缺陷或磁路截面发生突变的部位离开或进入物体表面所形成的磁场。漏磁场的成因在于磁导率的突变。若被磁化的工件上存在缺陷，由于缺陷内所含的物质一般有远低于铁磁性材料的磁导率，因而造成了缺陷附近磁力线的弯曲和压缩。如果该缺陷位于工件的表面或近表面，则部分磁力线就会在缺陷处逸出工件表面进入空气中，绕过缺陷后再折回工件，由此形成了缺陷的漏磁场。如果在漏磁场处撒上磁导率很高的磁粉，因为磁力线穿过磁粉比穿过空气更容易，所以磁粉会被该漏磁场吸附，如图 6-31 所示。

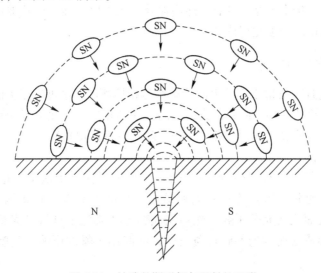

图 6-31　缺陷的漏磁场与磁粉的吸附

C　影响漏磁场强度的主要因素

磁粉检测灵敏度的高低取决于漏磁场强度的大小。在实际检测过程中，真实缺陷漏磁场的强度受到多种因素的影响，其中主要有外加磁场强度、缺陷的位置与形状、被检表面的覆盖层、材料状态等。

6.4.1.2　磁化

A　磁化方法

工件磁化时，当磁场方向与缺陷延伸方向垂直时，缺陷处的漏磁场最大，检测灵敏度最高。当磁场方向与缺陷延伸方向夹角为 45°时，缺陷可以显示，但灵敏度降低。当磁场方向与缺陷延伸方向平行时，不产生磁痕显示，发现不了缺陷。由于工件中缺陷有各种取向，难以预知，故应根据工件的几何形状，采用不同的方法直接、间接或通过感应电流对工件进行周向、纵向或多向磁化，以便在工件上建立不同方向的磁场，发现所有方向的缺陷。据此，出现了各种不同的磁化方法，主要有通电法、中心导体法、触头法、线圈法、磁轭法、多向磁化法等。

B　磁化电流

为了在工件上产生磁场而采用的电流称为磁化电流。磁粉检测采用的磁化电流有交流电、直流电和整流电流。

C　磁化规范

为获得较高的磁粉检测灵敏度，在被检工件上建立的磁场必须具有足够的强度。使用电磁轭的纵向磁场进行检测时，可以通过测量其提升力确定被磁化区域的磁场强度是否满足要求。当使用最大的磁极间距时，要求交流电磁轭至少应具有 44N 的提升力；直流电磁轭至少应具有 177N 的提升力。

D　系统性能与灵敏度评价

在磁粉检测中，要用标准试板、试环和磁场指示器评价磁粉检测系统的总性能及检测的灵敏度。其中试板和试环主要用于评价磁粉检测系统的综合性能，并间接考查检测的操作方法是否合理。磁场指示器除具有上述用途外，还可以定性地反映被检测表面的磁场分布特征，确定磁粉检测的磁化规范。

6.4.1.3　磁粉检测技术

（1）表面预处理。被检工件的表面状态对磁粉检测的灵敏度有很大的影响。例如，光滑的表面有助于磁粉的迁移，而锈蚀或油污的表面则相反。因此为了能获得满意的检测灵敏度，检测前应对被检表面做预处理：干燥、除锈以及涂保护层。

（2）施加磁粉的方法。

1）干法。用干燥磁粉进行磁粉检测的方法称为干法。干法常与电磁轭或电极触头配合，广泛用于大型铸、锻件毛坯及大型结构件焊缝的局部磁粉检测。用干法检测时，磁粉与被检工件表面先要充分干燥，然后用喷粉器或其他工具将呈雾状的干燥磁粉施于被检工件表面，形成薄而均匀的磁粉覆盖层，同时用干燥的压缩空气吹去局部堆积的多余磁粉。

2）湿法。磁粉（粒度范围以 1 ~ 10μm 为宜）悬浮在油、水或其他载体中进行磁粉检测的方法称为湿法。与干法相比较，湿法具有更高的检测灵敏度，特别适合于检测如疲劳裂纹一类的细微缺陷。湿法检测时，要用浇、浸或喷的方法将磁悬浮液施加到被检表面上。

（3）检测方法。

1）连续法。在有外加磁场作用的同时向被检表面施加磁粉或磁悬液的检测方法称为连续法。观察磁痕既可在外加磁场的作用时进行，也可在撤去外加磁场以后进行。

低碳钢及所有退火状态或经过热变形的钢材均采用连续法，一些结构复杂的大型构件也宜采用连续法检测。连续法检测的操作程序如图 6-32 所示。

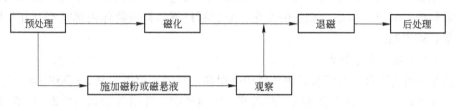

图 6-32   连续法检测的操作程序

2）剩磁法。利用磁化过后被检工件上的剩磁进行磁粉检测的方法称为剩磁法。在经过热处理的高碳钢或合金钢中，凡剩余磁感应强度在 0.8T 以上、矫顽力在 800A/m 以上的材料均可用剩磁法检测。剩磁法的检测操作程序如图 6-33 所示。

图 6-33   剩磁法检测的操作程序

（4）磁痕分析与记录。

1）磁痕观察。磁粉在被检表面上聚集形成的图像称为磁痕。观察磁痕应使用 2～10 倍的放大镜。观察非荧光磁粉（用黑色的 Fe_3O_4 或褐色的 $\gamma\text{-}Fe_2O_3$ 及工业纯铁粉为原料直接制成的磁粉，有浅灰、黑、红、白或黄几种颜色）的磁痕时，要求被检表面上的白光照度达到 1500lx 以上；观察荧光磁粉（在上述铁粉外面再涂覆上一层荧光染料制成的磁粉）的磁痕时，要求被检表面上的紫外线（黑光）照度不低于 970lx，同时白光照度不大于 10lx。

2）磁痕分析。在实际的磁粉检测中，磁痕的成因是多种多样的。观察磁痕时，应特别注意区别假磁痕显示、无关显示和相关显示（即缺陷磁痕）。在通常情况下，正确识别磁痕需要丰富的实践经验，同时还要了解被检工件的制造工艺。如不能判断出现的磁痕是否为相关显示时，应进行复验。磁粉检测中常见的相关磁痕主要有发纹、非金属夹杂物、分层、材料裂纹、锻造裂纹、折叠、焊接裂纹、气孔、淬火裂纹和疲劳裂纹等。

（5）退磁。在大多数情况下，被检工件上带有剩磁是有害的，故须退磁。所谓退磁就是将被检工件内的剩磁减小到不妨碍使用的程度。常用的退磁方法有交流退磁法和直流退磁法。

（6）后处理。磁粉检测以后，应清理掉表面上残留的磁粉或磁悬液。油磁悬液可用汽油等溶剂清理；水磁悬液应先用水进行清洗，然后干燥。如有必要，可在备检表面上涂敷防护油。干粉可以直接用压缩空气清除。

任务 6.4.2　微波检测法

6.4.2.1　微波检测的基本原理与特点

A　微波检测的基本原理

微波检测是利用微波反射、透射、衍射、干涉、腔体微扰等物理特性的改变，以及微波作用于被检测材料时的电磁特性——介电常数及损耗正切角的相对变化，通过测量微波基本参数如微波幅度、频率、相位的变化，来判断被测材料或物体内部是否存在缺陷以及测定其他物理参数。

B　微波检测的基本特点

微波是一种电磁波，它的波长很短且频率很高，其频率范围为 0.3 ~ 300GHz，相应的波长为 1m ~ 1mm，主要分成 7 个波段。在微波无损检测中，常用 X 波段（8.2 ~ 12.5GHz）和 K 波段（26.5 ~ 40GHz），个别的（如对于陶瓷材料）已发展到 W 波段（56 ~ 100GHz）。

当波长远小于工件尺寸时，微波的特点与几何光学相似；当波长和工件尺寸有相同的数量级时，微波又有与声学相近的特性。与无线电波相比，微波具有波长短、频带宽、方向性好和贯穿介电材料能力强等特点。

6.4.2.2　微波检测方法

（1）穿透法。按入射波类型不同，穿透法可分为三种形式，即固定频率连续波、可变频率连续波和脉冲调制波。它是将发射和接收天线分别放在试件的两边，从接收探头得到的微波信号可以直接和微波源的微波信号比较幅值和相位。图 6-34 为穿透法检测系统框图。穿透法用于检测材料的厚度、密度和固化程度。用穿透法检测玻璃钢或非金属胶结件缺陷，主要是检测接收到的微波波束相位或幅度的变化。这种检测方法的灵敏度较低。

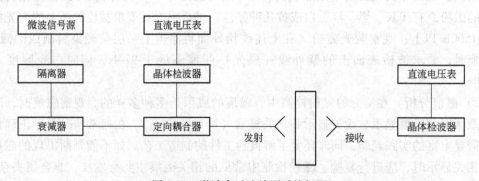

图 6-34　微波穿透法检测系统框图

（2）反射法。由材料内部或背面反射的微波，随材料内部或表面状态的变化而变化。反射法主要有连续波反射法、脉冲反射法和调频波反射法等。图 6-35 为连续波反射计的框图。反射法检测要求收发传感器轴线与工件表面法线一致，它是利用不同介质的分界面上会有反射和折射的现象来研究材料的介电性能。定向耦合器对传输线一个方向上传播的行波进行分离或取样，输出信号幅度与反射信号幅度成比例。试样内部的分层和脱粘等缺陷将增加总的反射信号。在扫描试件过程中，如微波碰到缺陷，所记录的信号将有幅度和相位的改变。

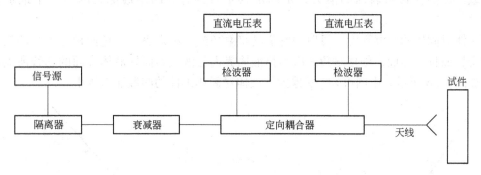

图6-35 连续波反射计框图

（3）散射法。散射法是通过测试回波强度变化来确定散射特性。检测时微波经过有缺陷部位时被散射，因而使接收到的微波信号比无缺陷部位要小，根据这个特性可以判断工件内部是否存在缺陷。

其他微波检测方法还有干涉法、微波全息技术和断层成像法等。

6.4.2.3 微波检测技术的应用

以评价材料结构完整性为主要用途的新型微波检测仪，可用于检测玻璃钢的分层、脱粘、气孔、夹杂物和裂纹等。它是由发射、接收和信号处理三部分组成的，收发传感器共用一个喇叭天线。使用时根据参考标准调整探头，使检波器输出趋于零；当探头扫描到有分层部位时，反射波的幅度和相位随之改变，检波器则有输出。

任务6.4.3 液体渗透检测法

6.4.3.1 液体的一些物理化学现象

（1）液体的表面张力。作用在液体表面使液体表面收缩并趋于最小表面积的力，称为液体的表面张力。渗透液的表面张力是判定其是否具有高的渗透能力的两个最重要的性能之一。表面张力产生的原因是因液体分子之间客观存在着强烈的吸引力，由于这个力的作用，液体分子才进行结合，成为液态整体。在液体内部对于每一个分子来讲，它所受的力是平衡的，即合力为零。而处于表面层上的分子，上部受气体分子的吸引，下部受液体分子的吸引，由于气体分子的浓度远小于液体分子的浓度，因此表面层上的分子所受下边液体的引力大于上边气体的引力，合力不为零，方向指向液体内部。这个合力，就是所说的表面张力。它总是力图使液体表面积收缩到可能达到的最小程度。表面张力的大小可表示为：

$$F = \sigma l$$

式中　F——表面张力；

　　　σ——液体单位长度的表面张力；

　　　l——液面的长度。

（2）液体的润湿作用。润湿是固体表面上的气体被液体取代的过程。渗透液润湿金属表面或其他固体材料表面的能力，是判定其是否具有高的渗透能力的另一个最重要的性能。

液体对固体的润湿程度，可以用它们的接触角的大小来表示。把两种互不相溶的物质间的交界面称为界面，则接触角 θ 就是指液固界面与液气界面处液体表面的切线所夹的角度，如图 6-36 所示。由图可知，θ 越大，液体对固体工件的润湿能力越小。

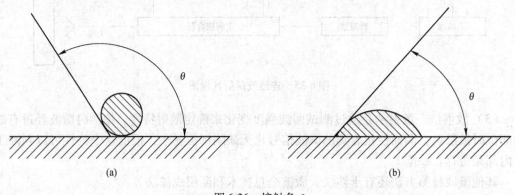

图 6-36　接触角 θ

(a) $\theta > 90°$；(b) $\theta < 90°$

（3）液体的毛细现象。把一根内径很细的玻璃管插入液体内，根据液体对管子的润湿能力的不同，管内的液面高度就会发生不同的变化。如果液体能够润湿管子，则液面在管内上升，且形成凹形弯曲，如图 6-37（a）所示；如果液体对管子没有润湿能力，那么管内的液面下降，且成为凸形弯曲，如图 6-37（b）所示。这种弯曲的液面，称为弯月面。液体的润湿能力越强，管内液面上升越高。以上这种细管内液面高度的变化现象，称为液体的毛细现象。毛细现象的动力为：固体管壁分子吸引液体分子，引起液体密度增加，产生侧向斥压强推动附面层上升，形成弯月面，由弯月面表面张力收缩提拉液柱上升。平衡时，管壁侧向斥压力通过表面张力传递，与液柱重力平衡。

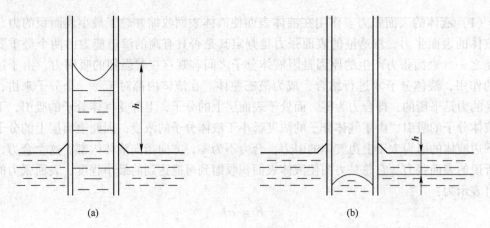

图 6-37　毛细现象

毛细现象使液体在管内上升的高度 h 可用下式计算：

$$h = \frac{2\sigma\cos\theta}{R\rho g}$$

式中 σ——表面张力系数；

       θ——液面与管壁接触角；

       R——细管半径；

       ρ——液体的密度；

       g——重力加速度。

（4）溶液的吸光性能。有色物质溶解到溶液中时，溶液的颜色与浓度有关。浓度越高，颜色越深，即溶液对光的吸收能力越强。表示这一能力大小的物理量是吸光度。溶液的吸光度与溶液中的有色物质浓度及液层厚度的乘积成正比。

（5）溶解作用。溶剂对溶质的溶解能力通常用溶解度来衡量。所谓溶解度，是指在一定温度下，100g 溶液里所能溶解溶质的量。溶剂的溶解作用，基本遵循物质的"相似相溶"规律。

（6）乳化作用。在某物质的作用下，把原来不相溶的物质变为可溶性的，这种作用称为乳化作用。产生这种作用的物质称为乳化剂。例如，把水和油一起倒进容器中，静置后就会出现分层现象，形成明显的界面。如果加以搅拌，使油分散在水中，形成乳浊液，但稍静置，又会分成明显的两层。如果在容器中加入合适的乳化剂，经搅拌混合后，可形成稳定的乳浊液。这一类乳化剂是由具有亲水基和亲油基（又叫憎水基）的两亲分子构成的，它能吸附在水和油的界面上，起一种搭桥的作用，不仅防止了水和油的互相排斥，而且把两者紧紧地连接在自己的两端，使油和水不相分离。这样就把渗透液变成可溶性的了，经这样处理后的渗透液在检测清洗时，很容易被水洗掉，保证了检测工作的顺利进行。

6.4.3.2 液体渗透检测原理

液体渗透检测法的基本原理是以物理学中液体对固体的润湿能力和毛细现象为基础的（包括渗透和上升现象）。首先将被探工件浸涂具有高度渗透能力的渗透液，由于液体的润湿作用和毛细现象，渗透液便渗入工件表面缺陷中。然后将工件缺陷以外的多余渗透液清洗干净，再涂一层吸附力很强的白色显像剂，将渗入裂缝中的渗透液吸出来，在白色涂层上便显示出缺陷的形状和位置的鲜明图案，从而达到了无损检测的目的。

6.4.3.3 液体渗透检测方法

液体渗透检测方法很多，可按不同的标准对其进行分类。液体渗透检测方法按缺陷的显示方法不同，可分为着色法和荧光法；按渗透液的清洗方法不同，可分为自乳化型、后乳化型和溶剂清洗型；按缺陷的性质不同，可分为检查表面缺陷的表面检测法和检查穿透型缺陷的检漏法；按施加检测剂的方式不同，可分为浸泡法、刷涂法、喷涂法、流涂法和静电喷涂法等。

这里主要介绍其中的着色渗透检测法。该方法一般分为七个基本步骤：前处理、渗透、清洗、干燥、显像、观察及后处理。

（1）前处理。为得到良好的检测效果，首要条件是使渗透液充分浸入缺陷内。预先消除可能阻碍渗透、影响缺陷显示的各种原因的操作称为前处理。它是影响缺陷检出灵敏度的重要的基本操作。轻度的污物及油脂附着等可用溶剂洗净液清除。如果涂料、氧化皮等全部覆盖了检测部位的表面，则渗透液将不能渗入缺陷。

试料或工件表面洗净后必须进行干燥，除去缺陷内残存的洗净液和水等，否则将阻碍渗透或者使渗透液劣化。

（2）渗透。渗透就是使渗透液吸入缺陷内部的操作。为达到充分渗透，必须在渗透过程中一直使渗透液充分覆盖受检表面。实际工作中，应根据零件的数量、大小、形状以及渗透液的种类来选择具体的覆盖方法。一般情况下，渗透剂的使用温度为 15 ~ 40℃。根据零件的不同、要求发现的缺陷种类不同、表面状态的不同和渗透剂的种类不同选择不同的渗透时间，一般渗透时间为 5 ~ 20min。渗透时间包括浸涂时间和滴落时间。

对于有些零件在渗透的同时可以加载荷，使细小的裂缝张开，有利于渗透剂的渗入，以便检测到细微的裂纹。

（3）清洗。在涂敷渗透剂并保持适当的时间之后，应从零件表面去除多余的渗透剂，但又不能将已渗入缺陷中的渗透剂清洗出来，以保证取得最高的检验灵敏度。

水洗型渗透剂可用水直接去除。水洗的方法有搅拌水浸洗、喷枪水冲洗和多喷头集中喷洗几种，应注意控制水洗的温度、时间和压力大小。后乳化型渗透剂在乳化后，用水去除，要注意乳化的时间要适当，时间太长，细小缺陷内部的渗透剂易被乳化而清洗掉；时间太短，零件表面的渗透剂乳化不良，表面清洗不干净。溶剂去除型渗透剂使用溶剂擦除即可。

（4）干燥。干燥的目的是去除零件表面的水分。溶剂型渗透剂的去除不必进行专门的干燥过程。用水洗的零件，若采用干粉显示或非水湿型显像工艺，在显像前必须进行干燥；若采用含水湿型显像剂，水洗后可直接显像，然后进行干燥处理。干燥的方法有：用干净的布擦干、用压缩空气吹干、用热风吹干、热空气循环烘干等。

干燥的温度不能太高，以防止将缺陷中的渗透剂也同时烘干，致使在显像时渗透剂不能被吸附到零件表面上，并且应尽量缩短干燥时间。在干燥过程中，如果操作者手上有油污，或零件筐和吊具上有残存的渗透剂等，会对零件表面造成污染而产生虚假的缺陷显示。凡此种种情况实际操作过程中都应予以避免。

（5）显像。显像就是用显像剂将零件表面缺陷内的渗透剂吸附至零件表面，形成清晰可见的缺陷图像。根据显像剂的不同，显像方式可分为干式、水型和非水型。零件表面涂敷的显像剂要施加均匀，且一次涂敷完毕，一个部位不允许反复涂敷。

（6）观察。在着色检验时，显像后的零件可在自然光或白光下观察，不需要特别的观察装置。在荧光检验时，则应将显像后的零件放在暗室内，在紫外线的照射下进行观察。对于某些虚假显示，可用干净的布或棉球沾少许酒精擦拭显示部位；擦拭后显示部位仍能显示的为真实缺陷显示，不能再现的为虚假显示。检验时可根据缺陷中渗出渗透剂的多少来粗略估计缺陷的深度。

（7）后处理。渗透检测后应及时将零件表面的残留渗透剂和显像剂清洗干净。对于多数显像剂和渗透液残留物，采用压缩空气吹拂或水洗的方法即可去除；对于那些需要重复进行渗透检测的零件、使用环境特殊的零件，应当用溶剂进行彻底清洗。

6.4.3.4　液体渗透检测技术的特点及应用

　　液体渗透检测的优点是原理简明易懂，检查经济，设备简单，显示缺陷直观，并可以同时显示各个不同方向的各类缺陷。渗透检测对大型工件和不规则零件的检查以及现场机件的检修检查，更能显示其特殊的优点。但渗透检测对埋藏于表皮层以下的缺陷是无能为力的，它只能检查开口暴露于表面的缺陷。另外它还有操作工序繁杂等缺点。

　　随着化学工业的发展，渗透检测技术日益完善，已被广泛应用于机械、航空、宇航、造船、仪表、压力容器和化工工业等各个领域。

习　　题

6-1　简述超声波分类。

6-2　简述焊件中常见缺陷。

6-3　简述超声波在介质中的传播特性。

6-4　简述几种典型的超声探伤技术。

6-5　简述铸件中的常见缺陷。

6-6　简述射线的防护方法。

参 考 文 献

［1］宋美娟. 轧制测试技术［M］. 北京：冶金工业出版社，2008.

［2］王成国，丁洪太，侯绪荣. 材料分析测试方法［M］. 上海：上海交通大学出版社，1994.

［3］李晨希，曲迎东，杭争翔，等. 材料成形检测技术［M］. 北京：化学工业出版社，2007.

［4］张惠荣. 热工仪表及其维护［M］. 北京：冶金工业出版社，2005.

［5］胡灶福，李长宏. 材料成型测试技术［M］. 合肥：合肥工业大学出版社，2010.

［6］刘君华. 现代检测技术与测试系统设计［M］. 西安：西安交通大学出版社，1999.

冶金工业出版社部分图书推荐

书 名	作 者	定价（元）
冶金通用机械与冶炼设备（第2版）（高职高专教材）	王庆春	56.00
稀土冶金技术（第2版）（高职高专教材）	石 富	39.00
稀土永磁材料制备技术（第2版）（高职高专教材）	石 富	35.00
冶金过程检测与控制（第2版）（高职高专教材）	郭爱民	30.00
冶金基础知识（高职高专教材）	丁亚茹 等	29.00
高炉炼铁生产实训（高职高专教材）	高岗强 等	35.00
转炉炼钢生产仿真实训（高职高专教材）	陈 炜 等	21.00
冶金电气设备及其维护（高职高专教材）	高岗强 等	29.00
稀土冶金分析（高职高专教材）	李 峰	25.00
电解铝操作与控制（高职高专教材）	高岗强 等	36.00
铝及铝合金加工技术（高职高专教材）	孙志敏 等	20.00
特种铸造技术（高职高专教材）	孙志娟 等	22.00
锌的湿法冶金（高职高专教材）	胡小龙 等	20.00
铸造合金及熔炼技术（高职高专教材）	丰洪微	38.00
金属热处理生产技术（高职高专教材）	张文莉	35.00
液压气动技术与实践（高职高专教材）	胡运林	39.00
高速线材生产（培训教材）	袁志学	39.00
热连轧带钢生产（培训教材）	张景进	35.00
炼钢基础知识（培训教材）	冯 捷	39.00
板带冷轧生产（培训教材）	张景进	42.00
自动检测和过程控制（第4版）（高等学校教材）	刘玉长	50.00
起重与运输机械（高等学校教材）	纪 宏	35.00
控制工程基础（高等学校教材）	王晓梅	24.00
金属压力加工原理及工艺实验教程（高等学校教材）	魏立群	28.00
金属材料工程实习实训教程（高等学校教材）	范培耕	33.00
相图分析及应用（高等学校教材）	陈树江	20.00
冶金分析与实验方法（高等学校教材）	刘淑萍	30.00
材料成形工艺学（高等学校教材）	齐克敏	69.00
机械优化设计方法（第4版）（本科教材）	陈立周	42.00
机械工程材料（本科教材）	王廷和	22.00
材料科学基础教程（本科教材）	王亚男	33.00
材料成型的物理冶金学基础（本科教材）	赵 刚	26.00
现代冶金分析测试技术（本科教材）	张贵杰	28.00